FORSCHUNGSBERICHTE DES LANDES NORDRHEIN-WESTFALEN

Nr. 1167

Herausgegeben
im Auftrage des Ministerpräsidenten Dr. Franz Meyers
von Staatssekretär Professor Dr. h. c. Dr. E. h. Leo Brandt

Text.-Ing. Hugo Griese

Techn.-Wissenschaftl. Büro für die Bastfaserindustrie Bielefeld

Verbesserung der Wirtschaftlichkeit und des Warenausfalls durch zusätzliche Befeuchtung der verarbeiteten Garne in der Leinen- und Halbleinenweberei

Springer Fachmedien Wiesbaden GmbH

ISBN 978-3-663-06594-4 ISBN 978-3-663-07507-3 (eBook)
DOI 10.1007/978-3-663-07507-3

Verlags-Nr. 011167

© 1962, Springer Fachmedien Wiesbaden
Ursprünglich erschienen bei Westdeutscher Verlag, Köln und Opladen 1962

Inhalt

1. Einleitung und Aufgabenstellung 7

2. Versuchsgestaltung 8

    2.1   Versuchseinrichtungen 8
    2.11 Befeuchtung durch Sprühdüsen 8
    2.12 Befeuchtung durch Netzwalzen 10
    2.13 Dämpfen 10
    2.2   Versuchsgarne 11
    2.3   Versuchsgeräte 12
    2.31 Feuchtigkeitsmessung 12
    2.32 Garnuntersuchungen 12
    2.33 Prüfung auf Schlingen- und Schlaufenbildung 13
    2.34 Messung der Fadenspannung beim Abzug aus dem Schützen .. 13

3. Versuchsergebnisse 14

    3.1   Feuchtigkeitsaufnahme 14
    3.11 Befeuchtung durch Sprühdüsen 14
    3.12 Befeuchtung durch Netzwalzen 15
    3.13 Dämpfen 16
    3.2   Fadenbruchhäufigkeit beim Spulen 17
    3.21 Kreuzspulen 17
    3.22 Schußspulen 18
    3.3   Schlingen- und Schlaufenbildung 20
    3.4   Garnuntersuchungen 21
    3.41 Festigkeits- und Dehnungseigenschaften 21
    3.411 Dynamometrische Prüfungen 21
    3.412 FRENZEL-HAHN-Messungen 24
    3.5   Reibungsmessungen 25
    3.6   Fadenspannungsmessungen beim Abzug aus dem Schützen 27
    3.7   Untersuchungen auf Schimmelpilzbildung und Stockigwerden der
          Garne 28

4. Zusammenfassung 32

1. Einleitung und Aufgabenstellung

Die im vorliegenden Bericht zusammengefaßten Untersuchungsergebnisse befassen sich mit dem Einfluß zusätzlicher, über das normale, durch Klimatisierung von Lager- und Arbeitsräumen erreichbare Maß hinausgehender Garnbefeuchtung. Die Ausarbeitung soll Klarheit schaffen über die Möglichkeiten einer solchen mit verschiedenen Einrichtungen erzielbaren Befeuchtung und die Auswirkung der Befeuchtung auf die Garnverarbeitung.
Ein hoher Feuchtigkeitsgehalt des Garns kann zur Ausschaltung der gefürchteten Kringel- bzw. Schlaufenbildung führen, die besonders bei Leinengarnen auf Schlauchcops[1] in der Weberei eintritt. Andererseits ist aber abzuwägen, ob die Laufeigenschaften der Garne nach übermäßiger Befeuchtung trotz steigender Festigkeit nicht Schaden nehmen. Als eine besondere Art zusätzlicher, in ihrer Höhe aber nicht übersteigerter Befeuchtung ist das Dämpfen zu berücksichtigen. In betriebsmäßigen Versuchen sollte die Wirksamkeit von Befeuchtungseinrichtungen bei Behandlung des Fadens in einem Sprühnebel, bei Netzung mittels Netzwalzen und schließlich bei Behandlung des Garns in einer Dämpfeinrichtung untersucht werden. Festzustellen waren ferner die Auswirkungen unterschiedlich hoher Befeuchtungen und Dämpfungen auf die Fadenbruchhäufigkeit beim Kett- und Schußspulen, auf eventuelle Veränderungen des Garns hinsichtlich seiner Festigkeits- und Dehnungseigenschaften, auf die Kringel- und Schlaufenbildung und auf mögliches Stockigwerden der Garne bei ungünstiger Lagerung.

---

[1] Der Schlauchcops wird bei der Herstellung von Qualitätsgeweben in der Leinen- und Halbleinenweberei zur Verbesserung des Warenausfalls vielfach verwendet. Er gewährleistet im Gegensatz zu Schußspulen mit Hülsen, die zum Ende des Abzuges typische Spannungsanstiege aufkommen lassen und bei gröberen, unregelmäßigen Garnen unzulässig hohe Spannungsspitzen verursachen, vom Anfang bis zum Ende des Abzuges einen gleichmäßigen Verlauf der Fadenspannung.

2. Versuchsgestaltung

2.1 Versuchseinrichtungen

An Versuchseinrichtungen standen eine »ZERA-X«-Vorrichtung, Fabrikat: Joeres und Pferdmenges, Rheydt, zur Naßveredlung der Garne am laufenden Faden, die an einer Müller-Schlitztrommel-Kettspulmaschine angebaut war, eine Gilbos-Nutenzylinder-Kettspulmaschine mit Befeuchtungswalzen und eine Dämpfeinrichtung, Fabrikat: Dupuis & Co., Mönchengladbach, zur Verfügung, deren Arbeitsweise nachstehend im Prinzip beschrieben wird.

Auf Befeuchtungsmaschinen, bei denen das Garnmaterial auf einem Lattentuch durch einen Befeuchtungsraum kontinuierlich geleitet wird, wurde nicht eingegangen, da eine intensive, den gesamten Garnkörper durchdringende Befeuchtung bei hart gespulten Kreuzspulen und bei fest gespulten Schlauchcops ohne hinreichend lange Zwischenzeit nicht zu erwarten ist.

2.11 Befeuchtung durch Sprühdüsen

Die Abb. 1 und 2 geben schematisch die Anordnung einer »ZERA-X«-Einrichtung für kontinuierliche Naßveredlung an einer Schlitztrommel-X-Spulmaschine wieder[2]. Von den zwischen Ballonbrechern angeordneten Garnkörpern werden die Fäden über Kopf abgezogen, wobei jeder einzelne Faden durch eine mit Sprühdüse versehene Kammer der Befeuchtungseinrichtung zu einer Scheibenbremse und weiterhin in bekannter Weise zur Schlitztrommel läuft. Die Netzflüssigkeit gelangt aus einem Vorratsbehälter mittels einer Zahnradpumpe zu den Sprühdüsen der Befeuchtungskammern. Eine Reinigung von evtl. Faseransammlungen erfolgt durch einen in der Druckleitung liegenden Perlonfilter. Ein zwischen Pumpe, Filter und Vorratsbehälter angeordnetes Regulierventil und ein Druckmesser ermöglichen, den Flüssigkeitsdruck verschieden hoch einzustellen. Von den Fäden nicht aufgenommene Flüssigkeit fließt aus den Befeuchtungskammern durch eine Rücklaufleitung zum Vorratsbehälter zurück. Ein Sicherheitsventil schützt die Anlage vor Überdruck. Die Befeuchtungsintensität kann außer der bereits angeführten Veränderung des Flüssigkeitsdruckes durch Verstellung der zwischen Sprühdüsen und durchlaufenden Fäden in den Befeuchtungskammern angebrachten Prallblechen, durch die die Sprühkegel mehr oder weniger stark abgedeckt werden können, geregelt werden. Eine weitere Möglich-

---

[2] Die Einrichtung muß nicht allein der Garnbefeuchtung dienen, sie kann auch zu einer anderen Art der Naßbehandlung, z. B. fungiciden, bactericiden, hygroskopischen und antistatischen Behandlung, Anfärbung usw., benutzt werden.

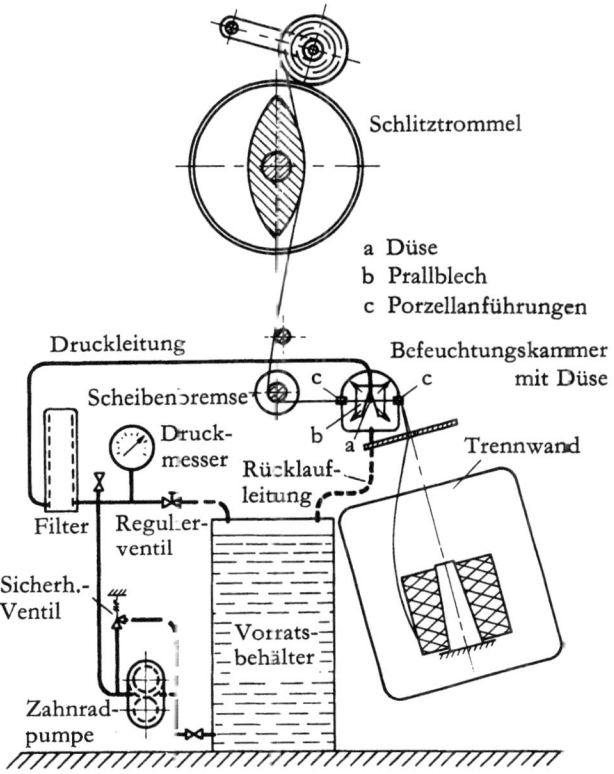

Abb. 1 Sprühdüsen-Befeuchtungsanlage

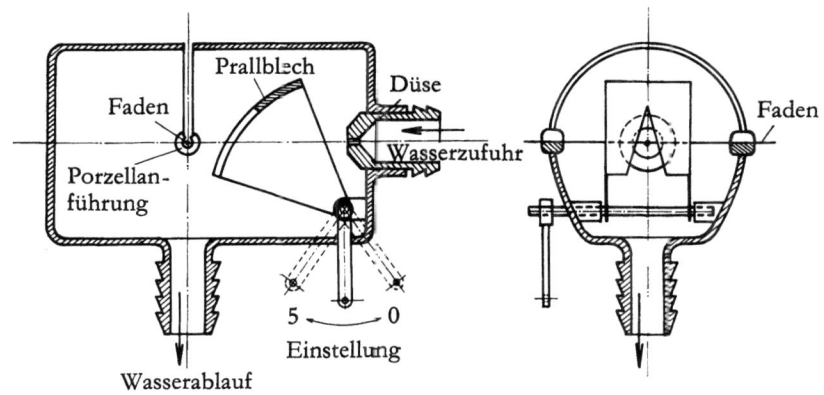

Abb. 2 Befeuchtungskammer

keit zur Beeinflussung der Feuchtigkeitsaufnahme ist durch Änderung der Fadenlaufgeschwindigkeit und schließlich durch Übergang auf andere Düsengrößen gegeben.

2.12 Befeuchtung durch Netzwalzen

In Abb. 3 ist eine Gilbos-Garnbefeuchtungseinrichtung dargestellt, bei der die Netzflüssigkeit durch Befeuchtungswalzen auf die Fäden übertragen wird[3]. Von den zwischen Ballonbrechern aufgesteckten Garnkörpern erfolgt der Fadenlauf durch Doppelscheibenbremsen und über die entgegengesetzt zur Fadenbewegung

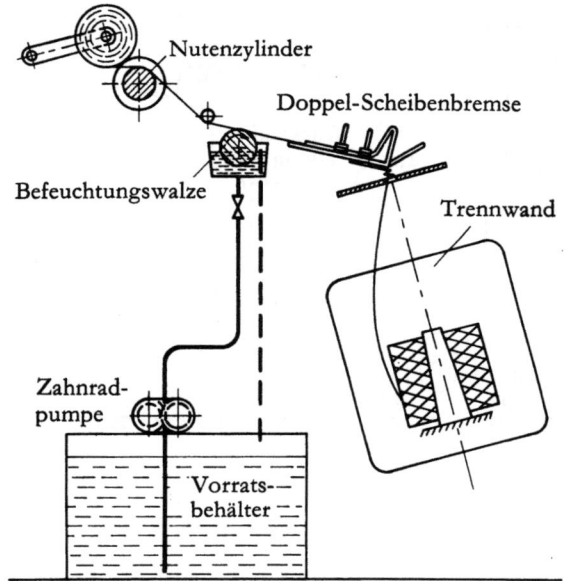

Abb. 3   Netzwalzen-Befeuchtungsanlage

umlaufende Befeuchtungswalze zu den Nutenzylindern. Die Befeuchtungswalze läuft in einer das Befeuchtungsmittel aufnehmenden Wanne, die mittels einer Zahnradpumpe über ein zwischengeschaltetes Regulierventil aus einem Vorratsbehälter gefüllt wird. Zuviel geförderte Flüssigkeit gelangt durch einen Überlauf zum Vorratsbehälter zurück. Ständiger Lauf der Zahnradpumpe sorgt wie bei der zuvor beschriebenen Anlage für eine gute Umwälzung der Netzflüssigkeit.

2.13 Dämpfen

Im Gegenteil zur Befeuchtung des Garns am laufenden Faden durch Sprühdüsen oder Netzwalzen erfolgt das Dämpfen des Garns innerhalb einer druckfesten

---

[3] Auch diese Maschine kann für eine Garnveredlung eingesetzt werden.

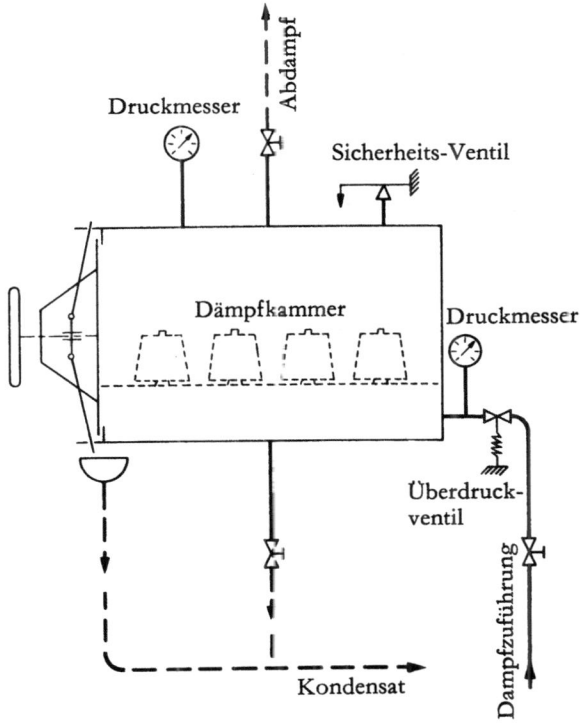

Abb. 4 Dämpfeinrichtung

Kammer bei fertig gewickelten Spulenkörpern. Abb. 4 zeigt den Aufbau einer einfachen Dämpfanlage im Prinzip. Im wesentlichen besteht sie aus der Dämpfkammer mit einem perforierten Zwischenboden für die Spulen bzw. Spulenbehälter und dem durch ein Handrad zu bedienenden Verschlußdeckel. Der Zuführung und Abführung des Dampfes sowie der Abführung des Kondensats dienen mit geeigneten Armaturen versehene Leitungen. Der Verschlußdeckel ist gegen eine Öffnung unter Dampfdruck gesichert[4].

2.2 Versuchsgarne

Für die Durchführung der Befeuchtungs- und Dämpfversuche wurden folgende Garne, die jeweils einer Spinnpartie entnommen wurden, eingesetzt:

        Flachswerggarn Nm 12 (84 tex) roh
        Flachswerggarn Nm 12 (84 tex) ¾-gebl.
        Flachsgarn   Nm 18 (56 tex) ¾-gebl.
        Flachsgarn   Nm 21 (48 tex) ¾-gebl.
        Baumwollgarn Nm 20 (50 tex) roh

[4] Moderne Dämpfeinrichtungen arbeiten mit Luftevakuierung vor Einlaß des Dampfes und gegebenenfalls mit Programmsteuerung.

2.3 Versuchsgeräte

2.31 Feuchtigkeitsmessung

Zur Bestimmung des Feuchtigkeitsgehaltes der Versuchsgarne nach den einzelnen Behandlungen kamen ein transportabler Elektrofeuchtigkeitsmesser »Textometer« (Batteriegerät) und eine stationäre Heißluftkonditionieranlage zum Einsatz. Das erstgenannte Gerät diente lediglich Voruntersuchungen und Kontrollzwecken. Es wurde gewählt, weil es eine Bestimmung des Feuchtigkeitsgehaltes unabhängig von der Probenaufmachung und ohne Materialeinbußen bei einfachster Bedienung zuläßt. Da aber die zu messenden Garnfeuchtigkeiten teilweise über den Bereich des elektrischen Feuchtigkeitsmessers hinausgingen, wurden die Hauptuntersuchungen ausschließlich in einer für Konditionierungen gemäß DIN 53821 zulässigen Konditionieranlage durchgeführt.

2.32 Garnuntersuchungen

Die unterschiedlich behandelten Garne wurden nach vorausgegangenem Lagern im Normalklima auf ihre Festigkeits- und Dehnungseigenschaften sowohl dynamometrisch als auch am laufenden Faden auf der Universal-Garnprüfmaschine, Dr. FRENZEL-HAHN, bei konstanter Dehnungsvorgabe unter Einsatz einer induktiven Meßeinrichtung geprüft. Die dynamometrischen Prüfungen wurden auf einer Garnreißmaschine, Fabrikat Wolpert, Belastungsbereich 0–6 kg, vorgenommen. Die einschlägigen DIN-Vorschriften wurden beachtet.

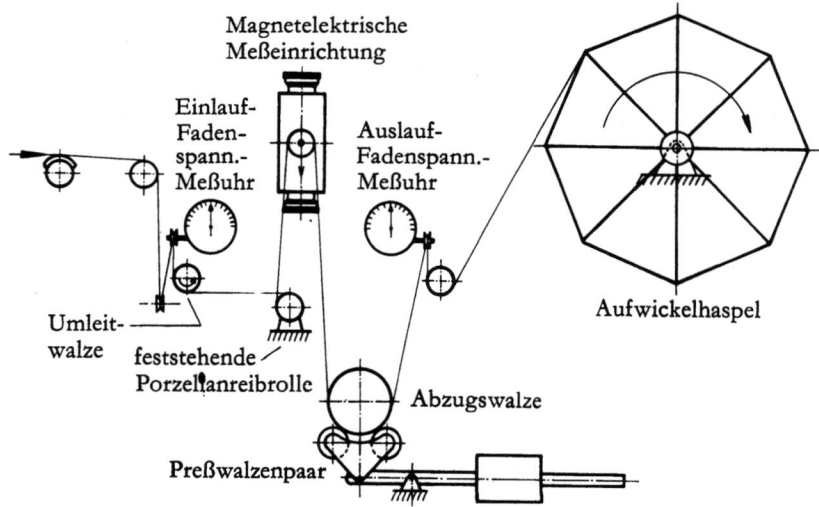

Abb. 5 Versuchsanordnung für Reibungsmessung

Die vorgenannte FRENZEL-HAHN-Garnprüfmaschine wurde auch zur Messung der Reibung zwischen trockenen und nassen Garnen und einem Reibkörper benutzt, wobei wie folgt gearbeitet wurde:

Das Garn wird gemäß Abb. 5 über eine lose Umleitwalze zu einer feststehenden Porzellanreibrolle geführt, die von dem Faden in einem Winkel von ca. 360° umschlungen wird. Die Messung der hier entstehenden Reibkraft erfolgt durch eine magnet-elektrische Meßeinrichtung, über die der Faden anschließend geleitet wird. Der Abzug des Garns auf einer Aufwickelhaspel wird durch die Abzugswalze des Gerätes bewirkt.

2.33 Prüfung auf Schlingen- und Schlaufenbildung

Zur Ermittlung von Schlingen- und Schlaufenbildung beim Abzug des Garns aus dem Webschützen wurden Untersuchungen auf einem Webstuhl mit übermäßig stark eingestellter Schlageinrichtung vorgenommen.

2.34 Messung der Fadenspannung beim Abzug aus dem Schützen

Dieser Schußfadenspannungsmessung diente ein Meßgerät, Fabrikat Textechno, bestehend aus einer Kreuzspulvorrichtung, die den zu untersuchenden Schußfaden aus einem fest eingespannten Webschützen über eine elektrische Meßeinrichtung abzieht. Diese besteht aus einem elektro-magnetischen Meßkopf mit Verstärker und Diagrammschreiber.

3. Versuchsergebnisse

3.1 Feuchtigkeitsaufnahme

Einheitlichen diesbezüglichen Vergleichen wurden Flachswerggarn Nm 12, ¾-gebl., Flachsgarn Nm 18 und Nm 21, ¾-gebl., und Baumwollgarn Nm 20, roh, unter Anwendung der drei Verfahren unterworfen. Bei den in den nachstehenden Abschnitten angegebenen Feuchtigkeitswerten handelt es sich in allen Fällen um Feuchtigkeitszunahmen, d. h. von den nach den einzelnen Behandlungen durch Konditionierung festgestellten Feuchtigkeiten F_a wurden die Anfangsfeuchtigkeiten (Feuchtigkeit bei Garnlagerung) F_b jeweils subtrahiert[5]. Alle Prozentzahlen beziehen sich auf absolut trockene Garne und sind Mittelwerte von jeweils drei befeuchteten bzw. gedämpften und konditionierten Spulen.

3.11 Befeuchtung durch Sprühdüsen

Mit der beschriebenen, an einer Schlitztrommel-Kreuzspulmaschine angebrachten »ZERA-X«-Einrichtung wurden bei einheitlicher Sprühdüsengröße und einheitlichem Flüssigkeitsdruck von 2 atü die angeführten Versuchsgarne bei drei Prallblecheinstellungen (0 – 2,5 – 5,0) und bei drei Fadenlaufgeschwindigkeiten (350 – 500 – 650 m/min) behandelt. Bei der Prallblecheinstellung 5 wird das Garn von dem vollen Sprühkegel getroffen. Bei der Einstellung 2,5 trifft nur ein Teil des Sprühkegels den Faden, während bei Einstellung 0 der volle Sprühkegel auf das Prallblech trifft und der Faden nur unmittelbar durch den in der Kammer herrschenden Nebel befeuchtet wird (s. Abb. 2). Zur besseren Netzwirkung wurde dem Wasser das Garnbefeuchtungsmittel »AVIROLIT« in einem Mischungsverhältnis 1:50 zugegeben.

In Abb. 6 ist die festgestellte Wasseraufnahme grafisch dargestellt. Deutlich ist die Steigerung der Feuchtigkeitsaufnahme sowohl mit Herabsetzung der Garngeschwindigkeit als auch mit abnehmender Düsenabdeckung zu ersehen. Die erreichte Durchfeuchtung der Garne war intensiv. Das Baumwollgarn Nm 20 wurde am stärksten befeuchtet. An zweiter Stelle liegt das ¾-gebl. Flachsgarn Nm 18. Geringere Feuchtigkeitsaufnahmen zeigten Flachsgarn Nm 21 und Flachswerggarn Nm 12, beide ¾-gebl. Lage und Verlauf der Kurven der Garnfeuchtigkeitszunahmen zeigen, daß zwar, je nach Charakter des Garns (Faserart, Stärke, Fülligkeit), die Feuchtigkeitsaufnahme verschieden groß ist, daß sich aber der Vorgang der Befeuchtung in allen Fällen geregelt abspielt.

---

[5] Die Wahl dieser Darstellung der Feuchtigkeitszunahme ist zulässig, da die Ausgangsfeuchtigkeiten bei den einzelnen Garnen keine das Ergebnis beeinflussenden Abweichungen von einem Mittelwert aufzuweisen hatten.

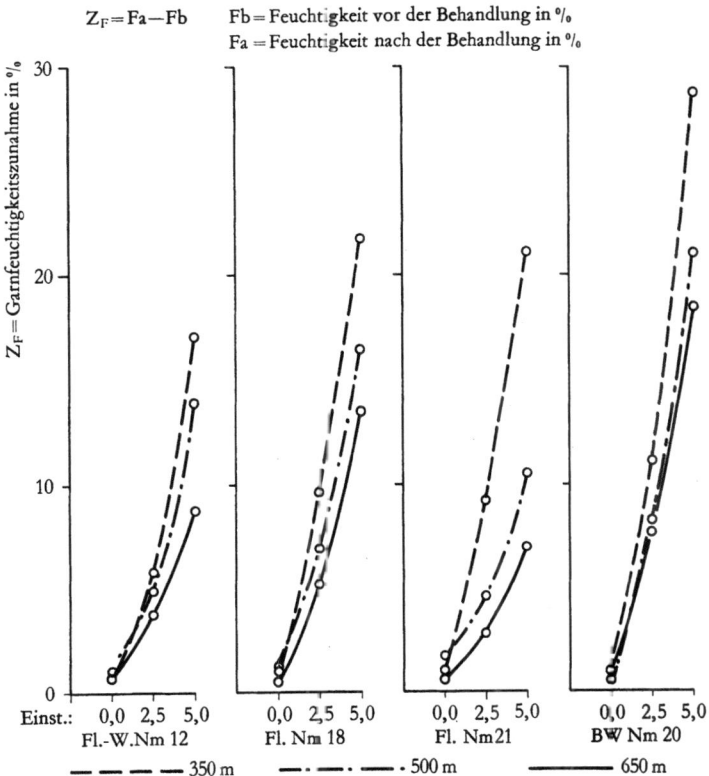

Abb. 6 Befeuchtung durch Sprühdüsen

3.12 Befeuchtung durch Netzwalzen

Gänzlich andere Verhältnisse wurden bei der Garnbefeuchtung durch Netzwalzen gefunden, die mit denselben veränderlichen Fadenlaufgeschwindigkeiten und mit gleichem Zusatzmittel erfolgten. Die Umfangsgeschwindigkeit der Netzwalzen wurde zwischen 10 – 20 – 30 m/min variiert. Die Abb. 7 zeigt die erreichte Feuchtigkeitszunahme in Abhängigkeit von Garn- und Netzwalzengeschwindigkeiten. Zunächst ist festzustellen, daß die Feuchtigkeitszunahme, wie erwartet, mit höherer Geschwindigkeit der Netzwalze ansteigt. Überraschend ist, daß auch bei zunehmender Garngeschwindigkeit mehr Feuchtigkeit aufgenommen wird. Möglicherweise spielt hier der bei höherer Geschwindigkeit eintretende höhere Druck zwischen Garn und Netzwalze eine Rolle.

Vergleicht man die erhaltenen Linien der Feuchtigkeitszunahme für die verschiedenen Garne mit den bei der Düsenbefeuchtung erhaltenen (Abb. 6), die eindeutig und logisch zu erklären waren, so fallen einerseits bei der Walzenbefeuchtung die starken Streuungen in der Höhe der bei den verschiedenen Garnen erreichten Feuchtigkeitszunahmen auf, während andererseits nicht immer klare Abhängigkeiten von den Geschwindigkeitsfaktoren zu finden sind. Die Art der hier an-

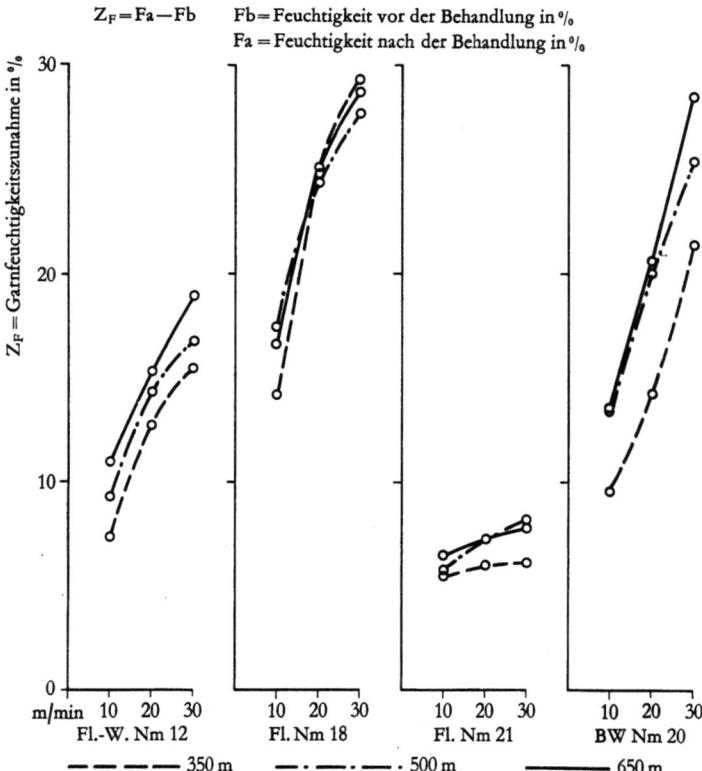

Abb. 7 Befeuchtung durch Netzwalzen

gewandten zusätzlichen Befeuchtung scheint nicht genügend intensiv zu sein, um Auswirkungen der Eigenheiten des Garns auszuschalten. Wahrscheinlich kann durch unterschiedliche Saugfähigkeit erklärt werden, daß z. B. das Flachsgarn Nm 18, verglichen mit dem Flachsgarn Nm 21, beide gleicher Bleichstufe, ein Mehrfaches an Feuchtigkeitszunahme aufweist, oder daß das rohe Baumwollgarn Nm 20 weniger Feuchtigkeit aufnimmt als das gebleichte Flachsgarn Nm 18. Da sich die Ergebnisse der Untersuchungen für jedes Garn auf $3 \times 3 \times 3$ konditionierte Spulen stützen, sind Meßfehler oder Ungenauigkeiten ausgeschlossen, und das Ergebnis sagt dementsprechend aus, daß die Beherrschung einer einigermaßen exakten Feuchtigkeitsaufnahme mittels Netzwalzen problematisch ist.

3.13 Dämpfen

Die Behandlung der mit einheitlicher Geschwindigkeit auf Kreuzspulen gespulten Versuchsgarne erfolgte im Dämpfapparat bei drei verschiedenen Dämpfzeiten (10 – 20 – 30 min) und bei drei unterschiedlichen Dampfdrücken (0,5 – 1,0 – 1,5 atü). Die dabei auftretenden Temperaturen betragen 111° C, 120° C und 127° C. Exakten Feststellungen über die Feuchtigkeitszunahme beim Dämpfen standen bei den verfügbaren Einrichtungen Schwierigkeiten entgegen, die sich durch die Notwendigkeit des Wägens der heißen Spulen in der Normalatmosphäre ergaben. Zusätzliche Gewichtsstreuungen durch nicht immer gleichmäßige Wärme- und Feuchtigkeitsverluste waren nicht zu vermeiden.

Aber auch darüber hinaus waren die Schwankungen der errechneten Feuchtigkeitszunahmen ohne klare Abhängigkeiten von den Versuchsfaktoren (Zeit, Druck) beträchtlich. Es wurden Zahlen zwischen 0,2 und 3,3% gemessen, im Mittel liegt die Garnfeuchtigkeitszunahme um 2%. Bei dieser Größenordnung erübrigt sich ein Eingehen auf Einzelheiten. Das Dämpfen ist als Mittel somit für eine Erhöhung der Feuchtigkeit als solche wenig wirksam.

3.2 Fadenbruchhäufigkeit beim Spulen

3.21 Kreuzspulen

Zur Beurteilung, ob eine zusätzliche Garnbefeuchtung die Fadenbruchhäufigkeit beim Umspulen auf der Kreuzspulmaschine beeinflussen kann, wurde die in Abschn. 2.11 bzw. 3.11 beschriebene »ZERA-X«-Befeuchtungseinrichtung herangezogen, wobei mit der Schlitztrommelmaschine Flachswerggarn Nm 12 (84 tex), 3/4-gebl., unbehandelt sowie bei Einstellung 2,5 und 5,0 mit 650 m/min Fadengeschwindigkeit gespult wurde. Je Versuch wurden ca. 40 kg Garn aus gleicher Spinnpartie ohne Fadenreinigung verarbeitet. Die Tab. 1 enthält die auf 100 kg Garn umgerechneten Fadenbruchzahlen. Sie sind insofern unbefriedigend, als – offenbar infolge nur geringer Fadenbruchhäufigkeit – eine Abhängigkeit zwischen Fadenbruchzahl und Befeuchtung nicht zu erkennen ist. Die Unterschiede

Tab. 1 Fadenbrüche beim Kreuzspulen je 100 kg Garn

Fadenbrüche durch:	Ohne Befeuchtung Garnf.: 7,0%	ZERA-X-Befeuchtung	
		Einst.: 2,5 Garnf.: 10,7%	Einst.: 5,0 Garnf.: 15,8%
Anspinner	6	5	3
Knoten	3	–	–
Dicke Stellen	3	3	5
Dünne Stellen	6	8	8
Gesamt-Fadenbrüche	18	16	16

der Gesamtfadenbruchzahlen sind vernachlässigbar. Es verdient lediglich festgestellt zu werden, daß die Fadenbrüche durch im Garn vorhandene Knoten nach der Befeuchtung zurückgingen, die Knoten also offenbar verfestigt werden, und daß demgegenüber die Fadenbrüche infolge dünner Stellen nach der Befeuchtung zunehmen, was auf eine stärkere Bremsung nach dem Befeuchten schließen läßt.

3.22 Schußspulen

Für die Prüfung der Verbesserungsmöglichkeiten beim Schußspulen wurden Kreuzspulen herangezogen, die einmal, wie unter 3.21 beschrieben, unbehandelt geblieben bzw. besprüht worden, das andere Mal Kreuzspulen, die bei 0,5 – 1,0 – 1,5 atü jeweils 10 min gedämpft worden waren. Wiederum handelte es sich um Flachswerggarn Nm 12 (84 tex), ¾-gebl. Diese Garne wurden auf einem Schweiter-Schlauchcops-Automaten mit 130 m/min umgespult[6]. Verarbeitet wurden je Einzelversuch wiederum 40 kg Garn. Das Schußspulen erfolgte nach dem Kreuzspulen bzw. Dämpfen ohne Zwischenlagerung.

In Tab. 2 sind die auf 100 kg Garn bezogenen Zahlen der Fadenbruchzählung einander gegenübergestellt. Während auf der Kreuzspulmaschine eine eindeutige Beeinflussung der Laufeigenschaften durch die zusätzliche Befeuchtung des Garns nicht gefunden wurde, so mußte bei der Weiterverarbeitung zu Schlauchcops ein denkbar ungünstiges Verhalten der zusätzlich befeuchteten Garne festgestellt werden. Obwohl die Fadenbremsung auf den niedrigst möglichen Wert eingestellt wurde, waren die Fadenspannungen bei dem befeuchteten Garn derart hoch, daß die Zahl der auf dünne Stellen zurückzuführenden Fadenbrüche im Vergleich mit dem unbefeuchteten Garn um ein Vielfaches anstieg. Die Spulen wurden dabei so übermäßig hart, daß Maschinenschäden beim Kopsausstoßvorgang zu befürchten waren. Einer Gesamtfadenbruchzahl von 80 ohne Befeuchtung standen 285 Brüche bei Befeuchtung mit Einstellung 2,5 und 542 bei Befeuchtung mit Einstellung 5,0 gegenüber.

Zur Kontrolle der auftretenden Fadenspannungen wurden Messungen mit einem Handgerät, Fabrikat Zellweger-Uster, vorgenommen, wobei zwischen Bremse und Aufwicklung gemessen wurde. Die festgestellten Spannungswerte sind in Tab. 3 enthalten. Zur Untersuchung der Verhältnisse wurden auch die anderen in Abschn. 2.2 erwähnten Leinengarne sowie das Baumwollgarn in die Messung der Fadenspannungskräfte beim Schußspulen nach der vorgeschriebenen Behandlung der vorgelegten Kreuzspulen einbezogen, wobei die Leinengarne sämtlich auf dem bereits erwähnten Schweiter-Schlauchcopsautomaten mit 130 m/min, das Baumwollgarn auf einem Hocoba-Automaten mit 250 m/min gespult wurden. Die Tab. 3 gibt in allen Fällen die Bestätigung, daß die starke Feuchtigkeitszunahme durch das Besprühen des Garns während des Kreuzspulens eine erhebliche Spannungssteigerung, in einem Falle auf mehr als das Doppelte mit sich gebracht hat.

Die Verarbeitung gedämpfter Kreuzspulen zu Schlauchcops ließ, wie Tab. 2 zeigt, ebenfalls eine Verschlechterung der Fadenbruchhäufigkeit von 80 auf 164, 158 und 165 Fadenbrüchen eintreten. Auf eine Erhöhung der Fadenspannung durch das Dämpfen bzw. die dadurch hervorgerufene Erhöhung der Feuchtigkeit lassen die Zahlen der Tab. 3 aber nicht schließen. Die Verschlechterung der Laufeigenschaften beim Schußspulen vorher gedämpfter Garne ist somit auf andere Ursachen zurückzuführen.

---

[6] Das Spulen auf Schlauchcops ist für eine Beurteilung von Garnlaufeigenschaften besonders geeignet, da der rasche Wechsel zwischen Bespulen der Copsspitze und der Copsbasis bei der für eine feste Spule verlangten relativ hohen Spulspannung eine starke Beanspruchung des Garns mit sich bringt.

Tab. 2 Fadenbrüche beim Schußspulen je 100 kg Garn

Fadenbrüche durch:	Ohne Befeuchtung Garnf.: 7,0%	ZERA-X-Befeuchtung Einst.: 2,5 Garnf.: 10,7%	ZERA-X-Befeuchtung Einst.: 5,0 Garnf.: 15,8%	Dämpfen 0,5 atü	Dämpfen 1,0 atü	Dämpfen 1,5 atü
Anspinner	15	31	16	22	23	21
Knoten	8	5	–	5	–	–
Dicke Stellen	13	13	10	14	21	10
Dünne Stellen	44	236	516	123	114	134
Gesamt-Fadenbrüche	80	285	542	164	158	165

Tab. 3 Fadenspannungen beim Schußspulen in p

Material	Spulautomat	Ohne Befeuchtung	ZERA-X-Befeuchtung Einst.: 2,5	ZERA-X-Befeuchtung Einst.: 5,0	Gedämpft 0,5 atü	Gedämpft 1,0 atü	Gedämpft 1,5 atü
Fl.-W. Nm 12 ³/₄-gebl.	Schweiter-Schlauchcops	85	135	155	85	90	85
Fl. Nm 18 ³/₄-gebl.	Schweiter-Schlauchcops	75	110	120	75	80	80
Fl. Nm 21 ³/₄-gebl.	Schweiter-Schlauchcops	70	105	120	75	70	75
BW Nm 20 roh	Hacoba	70	120	155	75	75	75

3.3 Schlingen- und Schlaufenbildung

Für Webversuche wurde das Flachswerggarn Nm 12 (84 tex) roh als Schußmaterial herangezogen, das beim Kreuzspulen unterschiedlich befeuchtet wurde. Auch gedämpft kam das gleiche Garn zum Einsatz, nur daß es, der Praxis entsprechend, der Dämpfbehandlung *nach* dem Schußspulen unterworfen worden war. Die Webversuche wurden einmal unmittelbar nach dem Schußspulen, das andere Mal nach zwei Tagen Lagerung des Schußmaterials vorgenommen. Für die Versuche stand ein moderner Unterschlagwebstuhl zur Verfügung, dessen Schlageinrichtung und Schützenabbremsung derart ungünstig eingestellt wurden, daß beim Verweben normaler, auf einem Schweiter-Schlauchcopsautomaten fest gespulter, unbehandelter Schlauchcopse häufig Fehler durch abstürzende Garnlagen entstanden. Die Versuchsschußgarne wurden in eine Kette aus rohem Baumwollgarn Nm 28 (36 tex) eingeschossen. Die Gewebedichten wurden für die Kette mit 25 und für den Schuß mit 16 Faden/cm im stuhlrohen Gewebe festgelegt. Die Webstuhltourenzahl betrug 160/min.

Das mit unbehandeltem Schlauchcops hergestellte Versuchsgewebe weist bei der beschriebenen Stuhleinstellung nahezu auf jedem Zentimeter Ware Fehler durch Schlingen und Schlaufen auf (Garnfeuchtigkeit 9,3%), wobei es sich um Folgen sowohl einzelner als auch mehrfach abgestürzter Garnlagen handelt. Zudem traten häufige Stuhlstillstände ein, die auf Schußfadenbrüche, bedingt durch Zusetzen des Webschützenfadenauges mit Garnlagen, zurückzuführen sind.

Eine merkliche Gewebeverbesserung ist durch zusätzliche Befeuchtung der Schußgarne zu erzielen, wie der Versuch mit Garnen zeigte, die mit einer »ZERA-X«-Einrichtung bei zwei Einstellungen auf einer Kreuzspulmaschine befeuchtet und anschließend zu Schlauchcopsen umgespult wurden (Kettspulgeschwindigkeit 650 m/min, Spulgeschwindigkeit des Schlauchcopsautomaten 130 m/min). Eine Feuchtigkeitserhöhung von 9,3 auf 12,9% bewirkte, daß auf einem Meter Ware nur noch vereinzelt Schlaufen entstanden. Eine weitere Verbesserung wurde durch intensivere Befeuchtung des Garns auf 14,6% erreicht, wodurch die Schlaufenbildung fast gänzlich verhindert wurde. Schußfadenbrüche waren in beiden Fällen nur vereinzelt zu verzeichnen.

Nachträgliches Dämpfen der bereits auf Schlauchcopse umgespulten Garne läßt eindeutig das beste Gewebebild entstehen. Bereits das Dämpfen bei 0,5 atü und 10 min Einwirkzeit (11,7% Garnfeuchte) verhindert nahezu vollkommen das Abstürzen von Garnlagen, Stuhlabstellungen werden gänzlich vermieden. Ein in jeder Weise schlingen- und schlaufenfreies Gewebe wurde bei Dämpfdrücken von 1,0 bzw. 1,5 atü (12,3% bzw. 12,5% Garnfeuchte) ebenfalls bei 10 min Einwirkungszeit gefunden. Unterschiede zwischen 1,0 und 1,5 atü waren nicht festzustellen. Ein Dämpfprozeß schaltet also durch intensiven Ausgleich der inneren Garnspannungen die Neigung des Garns zum Abstürzen bei hartem Schlag und harter Schützenbremsung praktisch vollkommen aus.

Zusammengefaßt sind die Gewebe wie folgt zu bewerten:
An erster Stelle bei 1,0 und 1,5 atü gedämpftes Schußgarn,
an zweiter Stelle bei 0,5 atü gedämpftes Schußgarn,
an dritter Stelle »ZERA«-behandeltes Schußgarn bei Einstellung 5,0,
an vierter Stelle »ZERA«-behandeltes Schußgarn bei Einstellung 2,5 und
an letzter Stelle unbehandeltes Schußgarn.
Die Abb. 8 gibt Lichtbilder der Gewebeproben wieder.

Praktisch die gleichen Ergebnisse wurden bei den Webversuchen mit nach dem Spulen zwei Tage im Normalklima (65% rel. Luftfeuchtigkeit, 20°C) gelagertem Schußmaterial gefunden, nur daß, im ganzen gesehen, eine Verschlechterung gegenüber der Verarbeitung des Schusses gleich nach dem Spulen bzw. Dämpfen eintrat (s. Abb. 9). Ein einwandfrei schlaufenloses Gewebe wurde nur noch bei dem mit 1,5 atü gedämpftem Garn erreicht. Aber auch bei den anderen gedämpften Garnen war die Veränderung gegenüber der Sofortverarbeitung gering. Bei den stark befeuchteten Garnen wirkte sich die Lagerung ungünstig aus.

3.4 Garnuntersuchungen

3.41 Festigkeits- und Dehnungseigenschaften

3.411 Dynamometrische Prüfungen

Flachswerggarn Nm 12, ¾-gebl., Flachswerggarn Nm 21, ¾-gebl., und Baumwollgarn Nm 20, roh, wurden nach folgenden Vorbehandlungen gemäß DIN 53854 auf ihre Festigkeits- und Dehnungseigenschaften hin untersucht.

Leinengarn[7]
1. Nach direktem Umspulen von Bleichspulen auf Schlauchcops.
2. Nach Umspulen von Bleichspulen auf Kreuzspulen bei Befeuchtung durch »ZERA-X«-Einrichtung (Stellung 5) und anschließendem Umspulen auf Schlauchcops.
3. Nach dem Umspulen von Bleichspulen auf Schlauchcops und anschließendem Dämpfen (30 min bei 1,5 atü).

Baumwollgarn[8]
1. Nach dem Umspulen normaler, unbehandelter Kreuzspulen auf Schußspulen.
2. Nach Umspulen von Drosselcops auf Kreuzspulen bei Befeuchtung durch »ZERA-X«-Einrichtung (Stellung 5) und anschließendem Umspulen auf Schußspulen.

[7] Spulgeschwindigkeiten:
Kreuzspulmaschine 650 m/min, Schlauchcopsautomat 130 m/min.
[8] Spulgeschwindigkeiten:
Kreuzspulmaschine 650 m/min, Schußspulautomat 300 m/min.

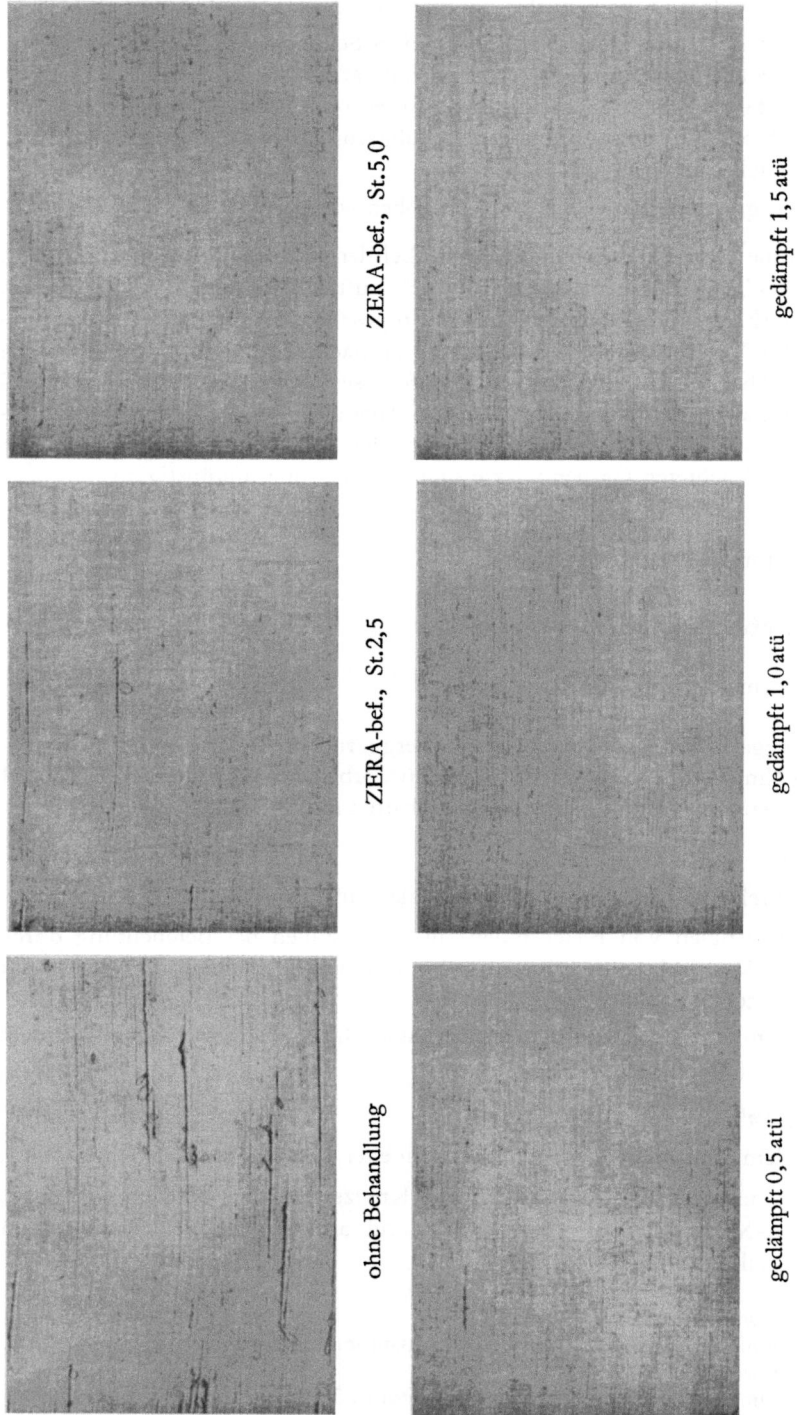

Abb. 8 Schlingen- und Schlaufenbildung bei sofortiger Verwebung

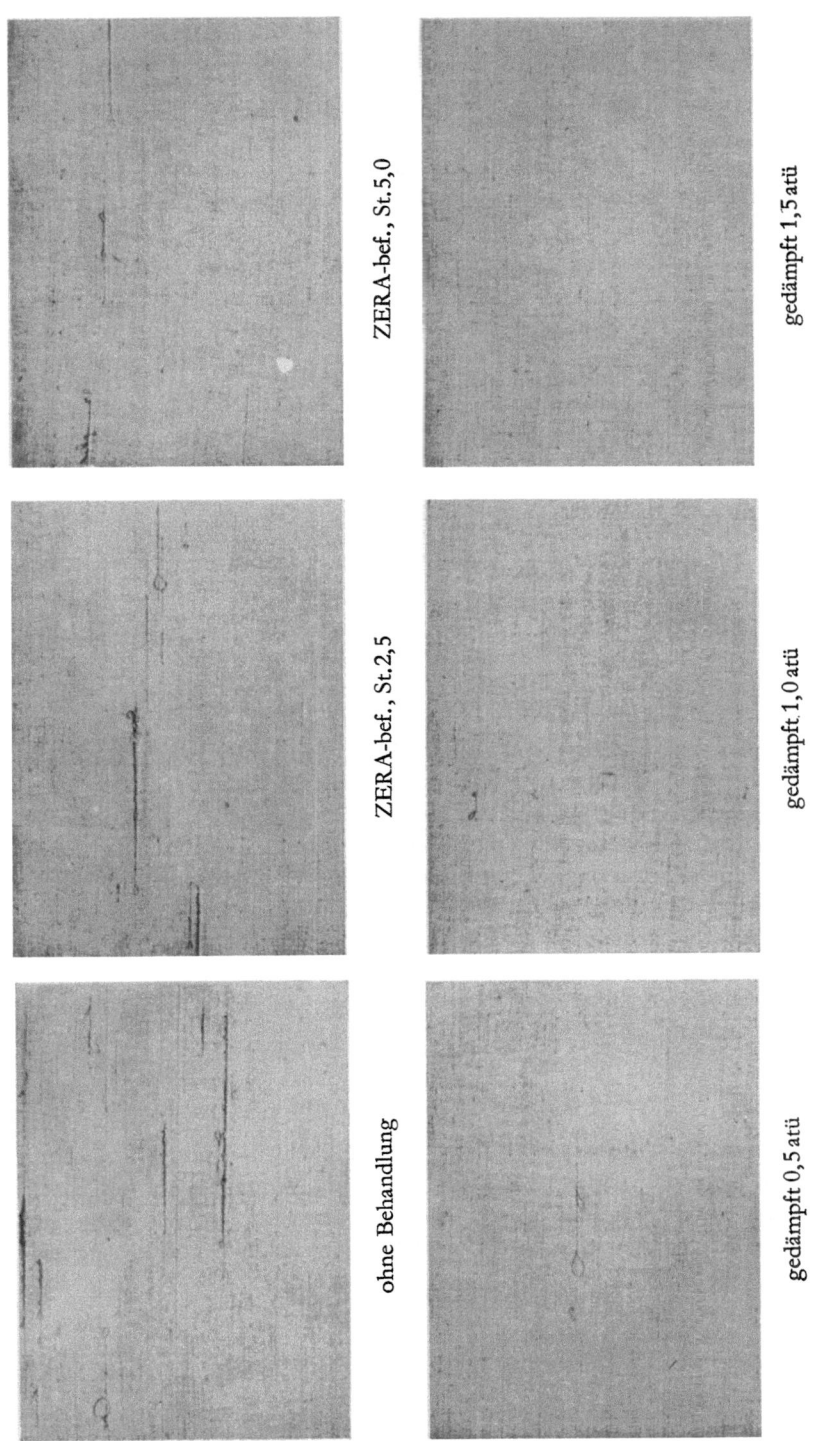

Abb. 9 Schlingen- und Schlaufenbildung bei Verwebung nach zwei Tagen

3. Nach Umspulen von Drosselcops auf Kreuzspulen, anschließendem Umspulen auf Schußspulen und darauffolgendem Dämpfen (30 min bei 1,5 atü).

Die Garnprüfungen fanden nach vorausgegangenem Lagern im Normalklima (65% rel. Luftfeuchtigkeit und 20°C) statt.
Als Ergebnisse der je 3×60 Garnreißungen für die Leinengarne und 3×20 Reißungen für das Baumwollgarn wurden die in Tab. 4 eingetragenen Zahlen gefunden.

Tab. 4 Garnfestigkeitsuntersuchungen

Garnart	Garn-vorbehandlung	Garn-Nr. [Nm]	Reiß-kraft [p]	Reiß-länge [km]	Reiß-dehnung [%]
Fl.-W.	1	13,0	1064	13,9	1,7
Nm 12	2	13,1	1088	14,2	1,8
¾-w.	3	12,9	963	12,4	1,6
Fl.	1	23,8	1125	26,8	1,9
Nm 21	2	23,5	1121	26,4	1,9
¾-w.	3	22,7	1040	23,6	1,8
BW	1	20,8	674	14,0	6,1
Nm 20	2	20,7	707	14,6	5,7
roh	3	20,6	664	13,7	5,9

Markante Differenzen zwischen den Zahlen für Reißlänge und Bruchdehnung der verschieden behandelten Gespinste sind nur insofern festzustellen, als bei den gedämpften Garnen – dies gilt vor allem für die Leinengarne – ein Absinken der Festigkeit einzutreten scheint. Die durchgeführte Streuungsanalyse zeigt, daß es sich bei den Leinengarnen um gesicherte Unterschiede[9] zwischen den Festigkeiten der gedämpften und unbehandelten Garne handelt, während beim Baumwollgarn sich eine statistische Sicherheit für die Festigkeitsdifferenz nicht ergibt. Immerhin ist aber die entsprechende Tendenz vorhanden. Die bei den Werten der Bruchdehnung vorhandenen Differenzen sind zu gering, um eine Aussage über eingetretene Veränderungen zu ermöglichen.

3.412 FRENZEL-HAHN-Untersuchungen

Die gleichen Garne wurden auch auf der FRENZEL-HAHN-Universal-Garnprüfmaschine am laufenden Faden untersucht. Die unter Vorgabe einer bestimmten Garndehnung eintretenden Garnspannungen wurden gemessen und aufgezeichnet, wobei sich folgende aufgezwungene Dehnungen als zweckmäßig erwiesen:

Flachswerggarn 1,25%
Flachsgarn 1,75%
Baumwollgarn 5,00%

---

[9] Statistische Sicherheit 95%.

Die Prüfungen fanden nach den im vorausgegangenen Abschnitt angegebenen Vorbehandlungen und angeschlossener Lagerung im Normalklima statt. Die Tab. 5 gibt die unter den vorgenannten Dehnungen gemessenen Garnspannungen und die Charakterisierung des Spannungsverlaufs wieder.

Tab. 5 FRENZEL-HAHN-*Messungen*

Garnart	Garn-vorbehandlung	Garnspannung [p]	Spannungs-verlauf
Fl.-W.	1	238	ruhig
Nm 12	2	247	–
¾-w.	3	210	unruhig
Fl.	1	396	–
Nm 21	2	431	unruhig
¾-w.	3	321	ruhig
BW	1	356	–
Nm 20	2	388	unruhig
roh	3	324	ruhig

Eindeutig ergeben die Zahlen der Garnspannung, daß die in stark genetztem Zustand gespulten Garne während des Spulens eine Beanspruchung erfahren haben, die ihre Dehnungsfähigkeit beeinträchtigt hat. Die einer konstanten Dehnung zugehörigen Spannungswerte sind, verglichen mit den ohne Befeuchtung gespulten Garnen, merklich angestiegen. Der Spannungsverlauf war bei der Mehrzahl der geprüften Garne unruhig[10].
Anders verhalten sich die nach dem Schußspulen gedämpften Garne. Die Behandlung hat offenbar eine Lockerung im inneren Garngefüge verursacht, die sich in einer Verminderung der Spannungen bei aufgezwungener Dehnung auswirkt. Auch war der Spannungsverlauf bei der Mehrzahl der geprüften Garne ruhiger[11]. Die Spannungsmessungen am laufenden Faden zeigen, daß das nachträgliche Dämpfen einen auf die Verarbeitungseigenschaften der Garne günstigen Einfluß gehabt hat, während sich das Befeuchten während des Spulens auf die Garneigenschaften ungünstig ausgewirkt hat.

3.5 Reibungsmessungen

Die Ergebnisse der gemäß Abschn. 3.2 durchgeführten Untersuchungen über die Fadenbruchhäufigkeiten und die Fadenspannungen beim Spulen trockener und zusätzlich befeuchteter Garne haben das erheblich schlechtere Verhalten der feuchten Garne aufgezeigt. Dabei wurde die Vermutung ausgesprochen, daß als Ur-

---
[10] Bildlich ist diese Tendenz nicht darstellbar. Sie ergab sich aus der Auswertung einer größeren Zahl aufgenommener Diagramme von mehreren Spulen.
[11] Eine nicht geklärte Ausnahme bildete hierbei das grobe Werggarn.

sache die erhöhte Reibung des Fadens innerhalb der Bremsen und bei Umlenkungen anzusprechen ist. Um die Auswirkung der Befeuchtung auf die Reibung auch experimentell zu erfassen, wurden auf der FRENZEL-HAHN-Maschine vergleichende Untersuchungen mit normal trockenem, d. h. bei 65% rel. Luftfeuchtigkeit und 20°C klimatisiertem sowie durch Netzung in destilliertem Wasser und Zusatz von Nekal BX nach DIN 53834 behandeltem Garn angestellt.

In Tab. 6 sind die gemessenen bzw. in angefallenen Diagrammen entnommenen Reibkräfte bei Trocken- und Naßprüfung der Garne sowie die Größe ihrer Schwankungsbereiche eingetragen. Die Zahlen zeigen, daß die im trockenen Zustand des Garns niedrigen und vergleichsweise geradlinig verlaufenden Kräfte nach der Netzung der Garne auf ein Vielfaches ansteigen und starke Schwankungen annehmen. Die bei trockenen Garnen stetige Gleitreibung geht bei nassen Garnen in einen ständigen Wechsel von Gleit- und Haftreibung über. Die Abb. 10 zeigt diesen Unterschied im Verhalten trockener und nasser Garne an Diagrammen, die an der FRENZEL-HAHN-Maschine mit Flachswerggarn Nm 12 (84 tex), roh und ¾-gebl., aufgenommen wurden. Die Diagramme entsprechen den beiden

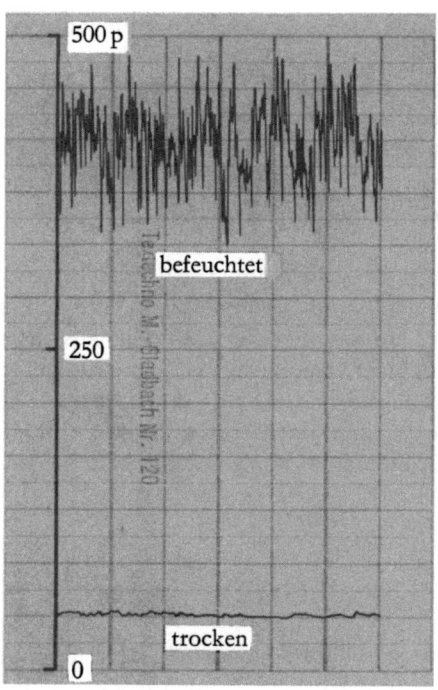
Flachswerggarn Nm 12
roh

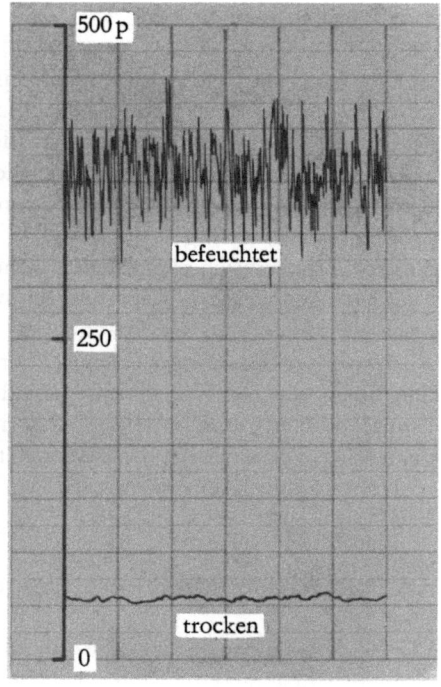
Flachswerggarn Nm 12
3/4-gelbl.

Garngeschwindigkeit 5 m/min
Diagrammpapiervorschub 50 mm/min

Abb. 10   Reibkraftmessungen

oberen Reihen in Tab. 6. Die im trockenen Zustand gemessenen mittleren Reibkräfte von 42 bzw. 47 p mit einem Schwankungsbereich von 4 bzw. 6 p erhöhen sich im nassen Zustand auf 416 bzw. 375 p mit einer Schwankungsbreite von 135 bzw. 140 p. Wie Tab. 6 weiter zeigt, ist ein ähnliches Verhalten auch bei den anderen zum Einsatz gekommenen Leinengarnen festzustellen.
Die Reibkräfte für das Baumwollgarn waren nach der beschriebenen Methode nicht erfaßbar, da die Garnfestigkeit im befeuchteten Zustand der hohen Beanspruchung nicht mehr standhielt.
Die Resultate der auf der FRENZEL-HAHN-Garnprüfmaschine vorgenommenen vergleichenden Messungen der Reibungskräfte an trockenen und nassen Fäden erläutern deutlich das schlechtere Verhalten stark befeuchteter Garne im Vergleich zu normal trockenen im Spulprozeß.

Tab. 6 Reibkräfte

Material	Mittlere Reibkraft (in p)		Schwankungsbereich (in p)	
	trocken	naß	trocken	naß
Fl.-W. Nm 12 roh	42	416	4	135
Fl.-W. Nm 12 ¾-gebl.	47	375	6	140
Fl. Nm 18 ¾-gebl.	42	375	4	90
Fl. Nm 21 ¾-gebl.	47	366	5	90
BW Nm 20 roh	–	–	–	–

3.6 Fadenspannungsmessungen beim Abzug aus dem Schützen

Daß unbefeuchtete, befeuchtete und gedämpfte Garne auch beim Abzug vom Schlauchcops aus einem einheitlichen Webschützen bei einer Abzugsgeschwindigkeit von 500 m/min (mittlere Webschützengeschwindigkeit ca. 8,3 m/s) sich hinsichtlich der entstehenden Reibungskräfte in Fadenbremse und Fadenauge sehr typisch verhalten, zeigen eindeutig die Ergebnisse der durchgeführten Fadenspannungsmessungen beim Abzug aus dem Schützen. In die Betrachtung einbezogen wurden Flachswerggarn Nm 12 (84 tex), roh und ¾-gebl., sowie Flachsgarn Nm 18 (56 tex), ¾-gebl. Die Prüfung erfolgte im unbehandelten Zustand, im befeuchteten Zustand mittels »ZERA«-Einrichtung bei Einstellung 2,5 und 5,0 und im gedämpften Zustand bei 0,5, 1,0 und 1,5 atü Dampfdruck und einheitlicher Dämpfzeit von 30 min (Spulgeschwindigkeiten: 650 m/min auf der Kettspulmaschine und 130 m/min auf dem Schlauchcopsautomaten). Den Messungen dienten das in Abschn. 2.34 beschriebene Gerät und ein Deckelschützen mit konstanter Einstellung der Stahlfederbremse.

Die Untersuchungen wurden unmittelbar nach dem Schußspulen bzw. nach dem Dämpfen vorgenommen. Eines der Garne – Fl.-W. Nm 12 (84 tex), ¾-gebl. – wurde auch nach achttägiger Lagerung in einem Klimaschrank geprüft. Die Klimatisierung wurde derart durchgeführt, daß die Gewichte der eingelegten Spulen konstant blieben und nur insofern eine Veränderung der Feuchtigkeit im Garn möglich war, als sich der Wassergehalt in dem Garn gleichmäßig verteilen konnte.

Die Abb. 11 und 12 zeigen die aufgenommenen Fadenspannungsdiagramme bei Flachsgarn Nm 18 (56 tex), ¾-gebl., trocken und »ZERA«-befeuchtet gespult (Abb. 11) sowie nach dem Schußspulen gedämpft (Abb. 12). Die starke Zunahme der Spannung bei dem während des Kreuzspulens befeuchteten Garns ist deutlich erkennbar. Die Mittelwerte steigen von 15 auf 35 g (Befeuchtungseinstellung 2,5) und auf 50 g (Befeuchtungseinstellung 5,0). Auch die gedämpften Garne wiesen höhere Abzugsspannungen auf, nämlich 18, 20 und 21 g im Mittel (0,5, 1,0 und 1,5 atü Dampfdruck). Diese Zunahmen der Fadenreibung entsprechen den Feuchtigkeitsaufnahmen durch die einzelnen Behandlungen, wie sie in Abschn. 3.1 beschrieben worden sind.

Die vergleichsweise Messung des Flachswerggarns Nm 12 (84 tex), ¾-gebl., ohne zusätzliche Behandlung und nach der »ZERA«-Behandlung (Einstellung 5,0) unmittelbar nach dem Schußspulen sowie nach achttägiger Lagerung im Klimaschrank ohne Veränderung des Feuchtegehaltes hatte das folgende Ergebnis:

1. trocken gespult: 30 g im Mittel
2. »ZERA«-befeuchtet; unmittelbar nach dem Schußspulen: 80 g im Mittel
3. desgl. nach achttägiger Klimalagerung: 48 g im Mittel

Wie ersichtlich, geht die Fadenspannung nach einem Ausgleich des Wassergehaltes im Garn von 80 auf 48 g zurück, jedoch erreichte das feuchtere Garn (im Mittel rd. 19,7% Feuchtigkeit) nicht den niedrigen Wert der Fadenspannung von 30 g des trocken gespulten Garns (im Mittel 8,1% Feuchtigkeit).

3.7 Untersuchungen auf Schimmelpilzbildung und Stockigwerden der Garne

Während der gesamten Versuchsdauer wurden an keinem der geprüften, teilweise mehrere Wochen gelagerten Garne Schimmelpilzbildungen bzw. Stockflecken bemerkt, obgleich für verschiedene Garne Feuchtigkeitszunahmen bis nahezu 30% vorhanden waren. Die Lagerung selbst erfolgte im Webereibetrieb bei üblichen Temperaturen und Luftfeuchtigkeiten.

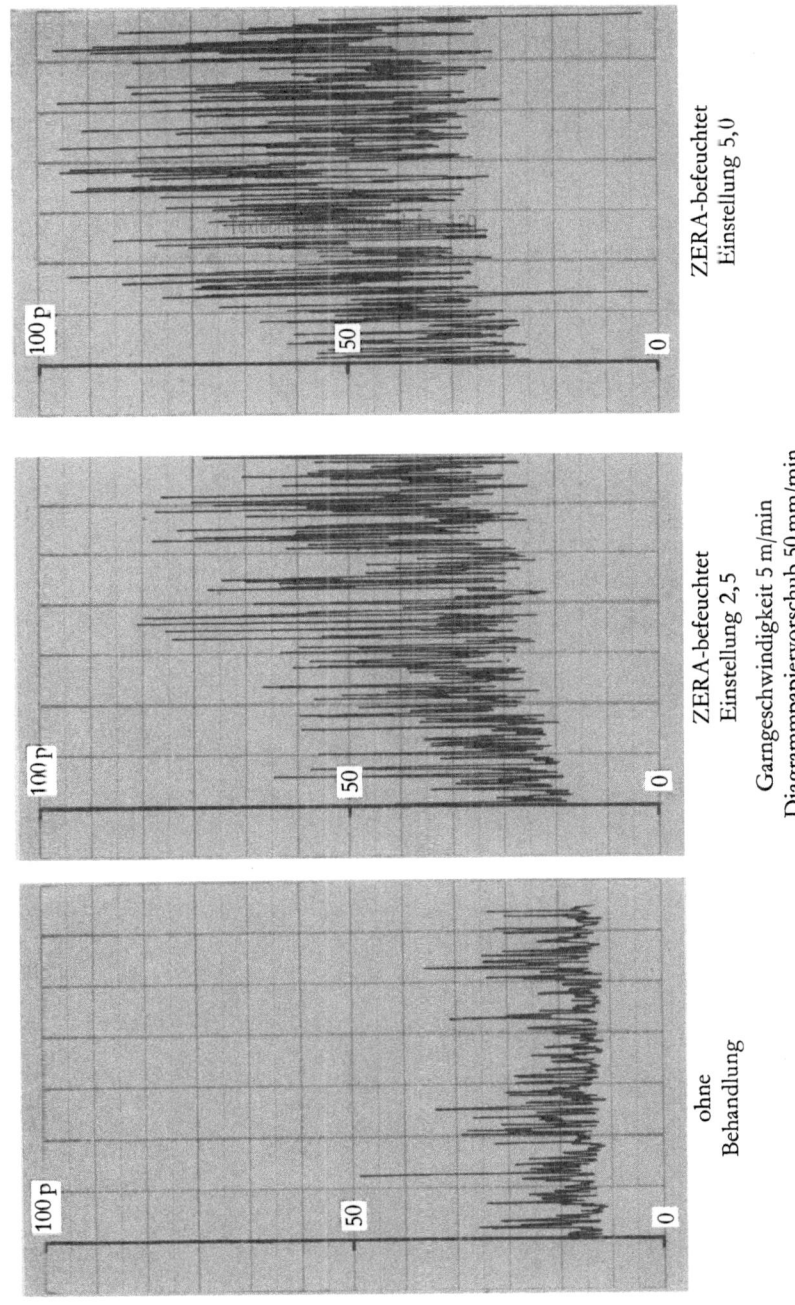

Abb. 11 Schußfadenspannungsmessungen Flachsgarn Nm 18 (56 tex), ¾-gebl.

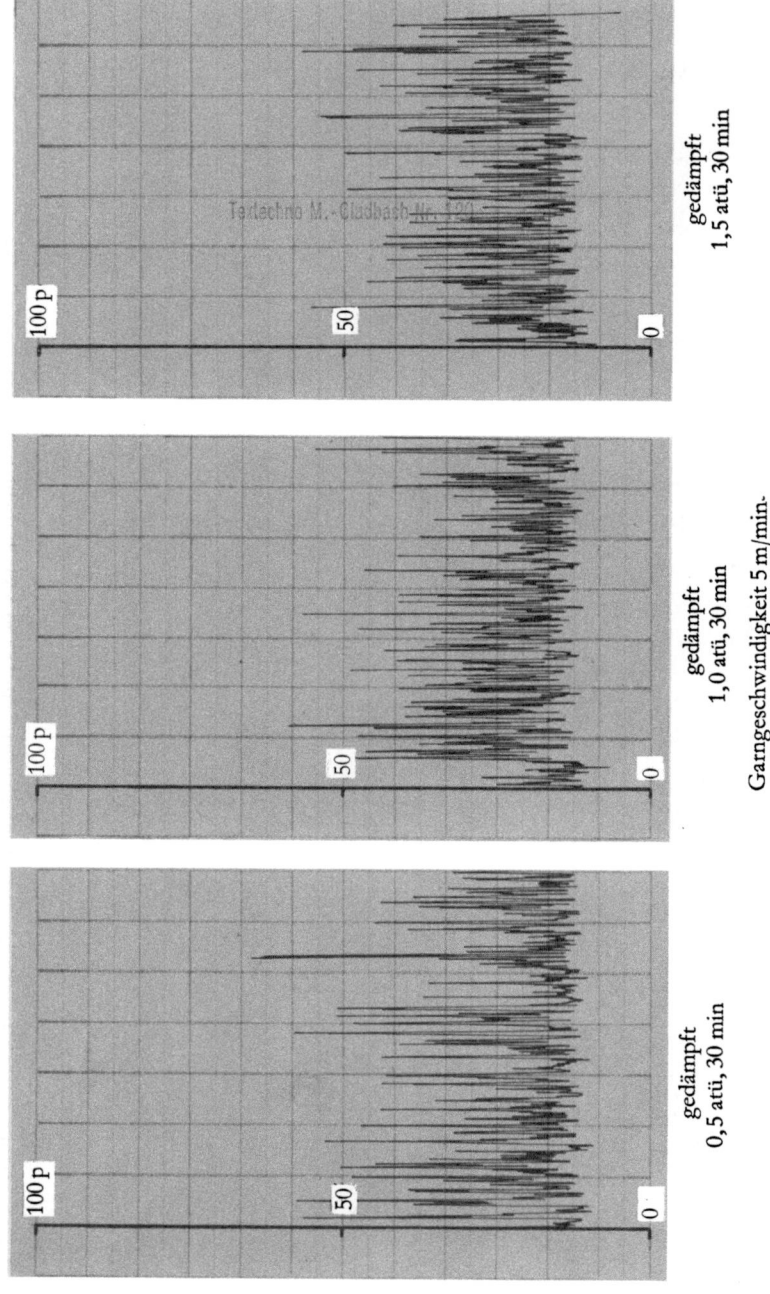

Abb. 12 Schußfadenspannungsmessungen Flachsgarn Nm 18 (56 tex), ¾-gebl.

Wie bereits früher erwähnt, fand zur Befeuchtung der Garne mittels Sprühdüsen ein chemisches Garnbefeuchtungsmittel (AVIROLIT) Verwendung, das in einem Mischungsverhältnis 1:50 dem Wasser zugegeben wurde. Der Zusatz dieses Befeuchtungsmittels übt somit außer einer Erhöhung der Netzfähigkeit zur Erzielung einer gleichmäßigen, nachhaltigen Befeuchtung der Garne eine fungicide und bactericide Wirkung aus.

Außer diesen Beobachtungen wurden systematische Untersuchungen der Anfälligkeit der Garne gegen Schimmelpilze und Stockflecken mit rohen und ¾-gebleichten Leinengarnen und rohem Baumwollgarn durchgeführt, wobei mit »ZERA«-Einrichtung bei Einstellung 5,0 und 650 m/min Fadengeschwindigkeit befeuchtete, mit 1,5 atü bei 10 min Dauer gedämpfte und unbehandelte Garne bei Wärme und ruhender Luft gelagert wurden. Dem Befeuchtungswasser für die »ZERA«-Einrichtung wurde in diesem Falle AVIROLIT im Mischungsverhältnis 1:100 zugegeben. Auch diese Prüfungen blieben ohne eine nachteilige Auswirkung der Befeuchtung bzw. Dämpfung. Bei der Garnbefeuchtung war der Einfluß des chemischen Zusatzmittels ausreichend, während die geringen Feuchtigkeitszunahmen durch den Dämpfprozeß nicht störend wirkten.

4. Zusammenfassung

Durch die in diesem Bericht beschriebene Arbeit sollte festgestellt werden, inwieweit in der Webereivorbereitung zusätzlich befeuchtete bzw. gedämpfte Garne Vor- und Nachteile bezüglich ihrer Laufeigenschaft, ihrer Verarbeitbarkeit und im Hinblick auf das Warenbild aufzuweisen haben. Diesem Ziel dienten betriebsmäßige Versuche und Untersuchungen im Laboratorium.

Die Ergebnisse zeigen, daß die beim Kreuzspulen durch Sprühdüsen stark befeuchteten Garne wesentlich erhöhte Reibkräfte bewirken, die bei dem unmittelbar anschließenden Schußspulen auf Schlauchcops eine hohe Fadenbruchhäufigkeit im Vergleich zum unbehandelten Garn auftreten lassen. Der Nutzeffekt geht zurück, und die Wickelung wird übermäßig hart. Auch das Dämpfen vor dem Spulen hat eine nachteilige Auswirkung auf die Fadenbruchhäufigkeit beim Schußspulen, ohne daß in diesem Fall bei niedrigerer Feuchtigkeitsaufnahme als beim Besprühen ein deutlicher Anstieg der Reibungskräfte nachzuweisen ist.

Die Untersuchung der unterschiedlich vorbehandelten Garne auf ihre Festigkeits- und Dehnungseigenschaften ergab einen Rückgang der Festigkeit bei den gedämpften Garnen. Die Prüfung am laufenden Faden bei aufgezwungener Dehnung hatte für die zusätzlich stark befeuchteten Garne ein nachteiliges, bei den gedämpften Garnen eher ein günstiges Ergebnis, verglichen mit den Prüfdaten normal vorbereiteter Garne.

Schußfadenspannungsmessungen beim Abzug des Garns aus einem Webschützen ergaben die Bestätigung höherer Reibungskräfte und damit ungünstigere Laufeigenschaften bei den zusätzlich befeuchteten, aber auch – wenn auch in geringerem Maße – bei den gedämpften Garnen.

Bei Verarbeitung unbehandelten Schußmaterials neigen die Garne – insbesondere Leinengarne – zur Schlingen- und Schlaufenbildung. In dieser Beziehung ist durch zusätzliche Befeuchtung der Garne eine merkliche Gewebeverbesserung zu erzielen. Das eindeutig beste Gewebebild wird aber durch Dämpfen des Schußmaterials – in der Praxis nach dem Schußspulen – erreicht. Bei Zwischenlagerung der Garne geht diese Auswirkung insbesondere bei dem befeuchteten Material zurück.

Anfälligkeiten der behandelten Garne auf Schimmelpilze und Stockflecken konnten nicht festgestellt werden.

Zusammenfassend kann gesagt werden, daß das zusätzliche Befeuchten bzw. das Dämpfen der Garne vor dem Kreuzspulen eine Verschlechterung der Laufeigenschaften mit Verringerung des Nutzeffektes beim Spulen mit sich bringt. Demgegenüber erweisen sich beide Maßnahmen zur Verringerung der Schlaufenbildung und zur Verbesserung des Warenbildes als vorteilhaft, wobei das Dämpfen am günstigsten abschneidet. Da das Dämpfen auch nach dem Schußspulen erfolgen und somit der ungünstige Einfluß auf das Spulen vermieden werden kann, erweist es sich als die wirkungsvollere Maßnahme. Die schlechteren Laufeigenschaften der stark befeuchteten Garne sind darauf zurückzuführen, daß sich die Feuchtigkeit zunächst vornehmlich auf die Oberfläche der Gespinste anlagert und dort die hohen Reibkräfte hervorruft, ohne daß die im allgemeinen günstige Auswirkung erhöhter Garnfeuchtigkeit in Erscheinung tritt. Eine Lagerung hochbefeuchteter Garne in einem Schrank mit entsprechendem Klima ließ tatsächlich bei unverändertem Wassergehalt ein Zurückgehen der Reibungskräfte eintreten. Die Versuche wurden in den Betrieben der Leinenweberei Carl Weber & Co. GmbH, Oerlinghausen und der Ravensberger Spinnerei AG, Bleiche Ummeln durchgeführt, denen wir für ihre Unterstützung unseren besten Dank zum Ausdruck bringen.

Text.-Ing. Hugo Griese

FORSCHUNGSBERICHTE
DES LANDES NORDRHEIN-WESTFALEN

Herausgegeben im Auftrage des Ministerpräsidenten Dr. Franz Meyers
von Staatssekretär Prof. Dr. h. c. Dr.-Ing. E. h. Leo Brandt

Textilforschung

Gliederungsübersicht

Allgemeines, Textilphysik, Textilchemie, Textilrohstoffe

Raumklima in Textilindustriebetrieben; insbesondere elektrostatische Raumluftaufladung und relative Luftfeuchtigkeit

Spinnereivorbereitung (Verfahren und Maschinen)

Spinnerei und Zwirnerei (Verfahren und Maschinen)

Nachbehandlung von Garnen und Zwirnen

Beurteilung fertiger Garne und Zwirne nach Herstellungsverfahren und Eigenschaften

Webereivorbereitung (Verfahren und Maschinen)

Weberei (Verfahren und Maschinen)

Beurteilung von Geweben und anderen textilen Flächengebilden nach Herstellungsverfahren und Eigenschaften

Textilveredlung (Bleichen, Färben, Drucken, Ausrüsten)

Arbeitsvorgänge und Maschinen in der Bekleidungsindustrie

Gebrauchsfragen einschließlich Wäscherei und Chemischreinigung

Textilprüfverfahren, Textilprüfgeräte

Betriebswirtschaftliche Untersuchungen auf dem Textilgebiet

Volkswirtschaftliche Untersuchungen auf dem Textilgebiet

Allgemeines, Textilphysik, Textilchemie, Textilrohstoffe

HEFT 34
Prof. Dr. rer. nat. Wilhelm Weltzien, Krefeld
Quellungs- und Entquellungsvorgänge bei Faserstoffen
1953, 52 Seiten, 13 Abb., 13 Tabellen, DM 9,80

HEFT 35
Prof. Dr. phil. nat. Wilhelm Kast, Krefeld
Röntgenographische Feinstrukturuntersuchungen an künstlichen Zellulosefasern verschiedener Herstellungsverfahren.
Teil I: Der Orientierungszustand
1953, 74 Seiten, 30 Abb., 7 Tabellen, DM 13,80

HEFT 64
*Prof. Dr. rer. nat. Wilhelm Weltzien
und Dr. rer. nat. habil. Johannes Juilfs, Krefeld*
Die Kettenlängenverteilung von hochpolymeren Faserstoffen
Über die fraktionierte Fällung von Polyamiden (I)
1954, 44 Seiten, 13 Abb., DM 8,60

HEFT 93
Prof. Dr. phil. nat. Wilhelm Kast, Krefeld
Spinnversuche zur Strukturerfassung künstlicher Zellulosefasern
1954, 82 Seiten, 39 Abb., 6 Tabellen, DM 16,—

HEFT 173
*Prof. Dr. phil. nat. Rolf Hosemann und
Dipl.-Phys. Günter Schoknecht, Berlin, vorgelegt von
Prof. Dr. phil. nat. Wilhelm Kast, Krefeld*
Lichtoptische Herstellung und Diskussion der Faltungsquadrate parakristalliner Gitter
1956, 108 Seiten, 63 Abb., 6 Tabellen, DM 24,70

HEFT 260
*Prof. Dr. phil. nat. Herbert A. Stuart und Dipl.-Phys.
Heinz Gerhard Fendler, Hannover, vorgelegt durch
Prof. Dr. phil. nat. Wilhelm Kast, Freiburg (Breisgau)*
Lichtzerstreuungsmessungen an Lösungen hochpolymerer Stoffe
1956, 70 Seiten, 20 Abb., 5 Tabellen, DM 15,60

HEFT 261
Prof. Dr. phil. nat. Wilhelm Kast, Freiburg (Br.)
Röntgenographische Feinstrukturuntersuchungen an künstlichen Zellulosefasern verschiedener Herstellungsverfahren.
Teil II: Der Kristallisationszustand
1956, 80 Seiten, 27 Abb., 11 Tabellen, DM 17,20

HEFT 301
*Prof. Dr. rer. nat. Wilhelm Weltzien,
Dr. rer. nat. Gerda Cossmann und Peter Diehl, Krefeld*
Über die fraktionierte Fällung von Polyamiden (II)
1956, 54 Seiten, 1 Abb., 16 Tabellen, DM 11,30

HEFT 433
Dr.-Ing. Günther Satlow, Aachen
Über einige physikalische und chemische Eigenschaften der Wolle von der gewaschenen Wolle bi zum Kammzug
1957, 72 Seiten, 15 Abb., 19 Tabellen, DM 15,2

HEFT 614
*Prof. Dr. rer. nat. Wilhelm Weltzien,
Dr. rer. nat. habil. Johannes Juilfs und
Dr. rer. nat. Werner Bubser, Krefeld*
Die Textilforschungsanstalt Krefeld 1920—1958
Ein Bericht zur Einweihung ihres Neubaus Frankenring 2
1958, 78 Seiten, 11 Abb., 5 Baupläne, DM 23,80

HEFT 731
Dr.-Ing. Günther Satlow, Aachen
Hautwolle und Schurwolle. Eine Gegenüberstellung ihrer wichtigsten chemischen und physikalischen Eigenschaften
1959, 96 Seiten, 4 Abb., 31 Tabellen, DM 23,60

HEFT 790
*Prof. Dr. phil. nat. Wilhelm Kast, Freiburg/Breisgau
und Dipl.-Ing. Victor Elsässer, Leverkusen*
Fließvorgänge in der Spinndüse und dem Blaukonus des Cuoxam-Verfahrens
1960, 131 Seiten, 59 Abb., 37 Tabellen, DM 36,50

HEFT 839
Prof. Dr. rer. nat. habil. Johannes Juilfs, Krefeld
Zur Bestimmung der Absolutdichte von Fasern
1960, 24 Seiten, 5 Abb., 3 Tabellen, DM 8,10

HEFT 879
*Dipl.-Chem. Dr. rer. nat. Hans-Günther Fröhlich,
Mönchengladbach*
Einsatz von künstlichen Eiweißfasern in Mischung mit Wolle und Kaninhaar zur Herstellung von Hutfilzen
1960, 42 Seiten, 15 Abb., 10 Tabellen, DM 12,90

HEFT 1084
*Dr.-Ing. Günther Satlow,
Deutsches Wollforschungsinstitut an der Techn. Hochschule Aachen*
Charakteristische Eigenschaften von Rohwollen.
In Vorbereitung

HEFT 1106
*Dr. rer. nat. Werner Bubser,
Dr. rer. nat. Walter Fester,
Textilforschungsanstalt, Krefeld*
Quell- und Lösereaktionen an Polyesterfasern zur Untersuchung von deren Veränderungen und Schädigungen.
In Vorbereitung

HEFT 1132
*Dr. rer. nat. Werner Bubser,
Dr. rer. nat. Walter Fester,
Textilforschungsanstalt, Krefeld*
Untersuchungen über die Anwendung der Trübungstitration bei Polyamiden.

HEFT 1154
Dr.-Ing. Günter Blankenburg,
Deutsches Wollforschungsinstitut an der Rhein.-Westf.
Techn. Hochschule Aachen
Chemische und physikalische Eigenschaften von unveränderter und veränderter Wolle in Beziehung zum Filzvermögen.
In Vorbereitung

HEFT 1156
Dr. rer. nat. Hans Hendrix,
Dr. rer. nat. Walter Fester,
Textilforschungsanstalt, Krefeld
Potentiometrische Endgruppenbestimmung an synthetischen Fasern.
Die Bestimmung der sauren Endgruppen an Polyester- und Polyacrylnitrilfasern.
In Vorbereitung

HEFT 1157
Dr. rer. nat. Walter Fester,
Dr. rer. nat. Hans Hendrix,
Textilforschungsanstalt, Krefeld
Analytische Untersuchungen an Polyacrylnitril- und Polyesterfasern.
In Vorbereitung

HEFT 1205
Dr. rer. nat. Werner Bubser,
Textilforschungsanstalt, Krefeld
Vergleichende Bestimmungen des Schmelzpunktes an synthetischen Faserstoffen.
In Vorbereitung

Raumklima in Textilindustriebetrieben; insbesondere elektrostatische Raumluftaufladung und relative Luftfeuchtigkeit

HEFT 273
Karl H. W. Tacke, Wuppertal-Barmen
Erfahrungen beim Verspinnen von Perlonfasern und bei der Herstellung von Trikotagen aus gesponnenem Perlon
1956, 36 Seiten, DM 7,90

HEFT 897
Prof. Dr.-Ing. Walther Wegener und
Dipl.-Ing. Dieter Quambusch, Aachen
Zusammenhang zwischen dem Raumklima und der elektrostatischen Auflading des Spinnmaterials
1960, 86 Seiten, 44 Abb., 5 Tabellen, DM 23,90

HEFT 1119
Prof. Dr. Hans Israel, Dozent für Geophysik und Meteorologie an der Techn. Hochschule Aachen und
Dipl.-Ing. H. Bücker
Raumklimatische Untersuchungen im Zusammenhang mit Spinnereiproblemen unter besonderer Berücksichtigung der elektrischen Eigenschaften klimatischer Luft.
In Vorbereitung

Spinnereivorbereitung (Verfahren und Maschinen)

HEFT 97
Obering. Herbert Stein, Mönchengladbach
Ermittlung der Haft-Gleiteigenschaften von Faserbändern und Vorgarnen
2. Bericht der Reihe: Untersuchungen der Verzugsvorgänge an den Streckwerken verschiedener Spinnereimaschinen
1955, 98 Seiten, 34 Abb., DM 21,—

HEFT 397
Dipl.-Ing. Waldemar Rohs und
Dipl.-Ing. Rudolf Otto, Bielefeld
Ungleichmäßigkeiten in Bändern von Bastfaserkarden, ihre Ursachen und Auswirkungen
1957, 60 Seiten, 16 Abb., 42 Diagramme, DM 14,80

HEFT 435
Dipl.-Ing. Waldemar Rohs und
Dipl.-Ing. Ludwig Steinmetz, Bielefeld
Die Massenungleichmäßigkeit von Flachsstreckenbändern in Abhängigkeit von Verzug und Dopplung
1957, 42 Seiten, 4 Abb., 2 Tabellen, DM 9,90

HEFT 479
Prof. Dr.-Ing. Walther Wegener, Aachen, und
Dipl.-Ing. Herbert Fourné, Bochum
Ursachen des Überschreitens der Toleranzgrenze nach oben oder unten (Meter pro Gramm) an der Strecke
1957, 60 Seiten, 17 Abb., 3 Tabellen, DM 14,60

HEFT 609
Dipl.-Ing. Waldemar Rohs und
Dipl.-Ing. Ludwig Steinmetz, Bielefeld
Verteilung der Bastfasern im Verzugsfeld einer Nadelabstrecke
1958, 42 Seiten, 10 Abb., 2 Tabellen, DM 13,45

HEFT 732
Dipl.-Ing. Waldemar Rohs und
Dipl.-Ing. Rudolf Otto, Bielefeld
Messung von Verzugskräften in Nadelfeldern von Bastfaserstrecken
1959, 40 Seiten, 9 Abb., 4 Tabellen, DM 11,60

HEFT 818
Prof. Dr.-Ing. Walther Wegener, Aachen
Grundlegende Untersuchungen zur Frage der Spinnavivierung von Rohbaumwolle
1959, 38 Seiten, 20 Abb , 5 Tabellen, DM 10,70

HEFT 846
Obering. Herbert Stein und
Ing. Martin Eidelsburger, Mönchengladbach
Untersuchungen an Baumwollkarden zwecks Ermittlung der Fehlerursachen für Dickeschwankungen
1960, 46 Seiten, 23 Abb., DM 14,30

HEFT 847
Obering. Herbert Stein und
Ing. Martin Eidelsburger, Mönchengladbach
Untersuchungen über den Ablauf der Arbeitsvorgänge bei Schlagmaschinen in Baumwoll- und Zellwollaufbereitungsanlagen
1960, 54 Seiten, 29 Abb., DM 16,70

HEFT 896
Prof. Dr.-Ing. Walther Wegener, Aachen
Einfluß der höheren Vorgarndrehung geflyerter Lunten auf die Ungleichmäßigkeit und die dynamometrischen Eigenschaften des fertigen Garnes
1960, 32 Seiten, 12 Abb., 3 Tabellen, DM 9,20

Spinnerei und Zwirnerei (Verfahren und Maschinen)

HEFT 13
Dipl.-Ing. Waldemar Rohs und
Textil-Ing. Gustav Heller, Bielefeld
Das Naßspinnen von Bastfasergarnen mit chemischen Zusätzen zum Spinnbad
1953, 52 Seiten, 4 Abb., 19 Tabellen, DM 10,—

HEFT 238
Obering. Herbert Stein, Mönchengladbach
Theoretische Betrachtungen über den Einfluß schlagender Zylinder und Druckrollen
3. Bericht der Reihe: Untersuchungen der Verzugsvorgänge an den Streckwerken verschiedener Spinnereimaschinen
1956, 66 Seiten, 21 Abb., DM 14,10

HEFT 340
Dipl.-Ing. Waldemar Rohs und
Dipl.-Ing. Rudolf Otto, Bielefeld
Das Naßspinnen von Bastfasergarnen mit Spinnbadzusätzen unter Ausnutzung einer zentralen Spinnwasserversorgungsanlage
1956, 56 Seiten, 2 Abb., 6 Tabellen, DM 11,60

HEFT 378
Obering. Herbert Stein, Mönchengladbach
Beobachtung und meßtechnische Erfassung der Vorgänge im Spinn- und Aufwindfeld von Ringspinn- und Ringzwirnmaschinen
1957, 104 Seiten, 88 Abb., 3 Tabellen, DM 26,90

HEFT 918
Obering. Herbert Stein, Mönchengladbach
Ermittlung des Einflusses verschiedener Streckwerkseinstellungen und der verwendeten Konstruktionsteile auf die Verzugsvorgänge
4. Bericht der Reihe: Untersuchungen der Verzugsvorgänge an den Streckwerken verschiedener Spinnereimaschinen
1960, 44 Seiten, 5 Abb. 13 Tabellen, DM 13,70

HEFT 920
Dipl.-Ing. Rudolf Otto und
Textil-Ing. Manfred Le Claire
Fadenspannungen beim Naßringspinnen von Bastfasern in ihrer Abhängigkeit von Fadenführung und Gestaltung von Ring und Läufer
1960, 54 Seiten, 18 Abb., 14 Tabellen, DM 16,40

HEFT 937
Dipl.-Ing. Waldemar Rohs, Dipl.-Ing. Rudolf Otto und
Textil-Ing. Hugo Griese, Bielefeld
Trockenspinnverfahren für Leinengarne und Einsatz trocken gesponnener Garne in der Leinenweberei
1960, 56 Seiten, 14 Abb., 14 Tabellen, DM 19,90

HEFT 1166
Oberingenieur Herbert Stein,
Institut für textile Meßtechnik Mönchengladbach
Vergleich des Band-Spinnens von Baumwolle und Chemiefasern (ohne Flyerpassage) mit dem klassischen Baumwollspinnverfahren.
In Vorbereitung

Nachbehandlung von Garnen und Zwirnen

HEFT 20
Dipl.-Ing. Waldemar Rohs, Dr.-Ing. Günther Satlow,
Textil-Ing. Gustav Heller, Bielefeld
Trocknung von Leinengarnen I
Vorgang und Einwerkung auf die Garnqualität
1953, 62 Seiten, 18 Abb., 5 Tabellen, DM 12,—

HEFT 21
Dipl.-Ing. Waldemar Rohs, Dr.-Ing. Günther Satlow,
Textil-Ing. Gustav Heller, Bielefeld
Trocknung von Leinengarnen II
Spulenanordnung und Luftführung beim Trocknen von Kreuzspulen
1953, 66 Seiten, 22 Abb., 9 Tabellen, DM 13,—

HEFT 79
Dipl.-Ing. Waldemar Rohs, Dr.-Ing. Günther Satlow,
Textil-Ing. Gustav Heller, Bielefeld
Trocknung von Leinengarnen III
Spinnspulen- und Spinnkopstrocknung
Vorgang und Einwirkung auf die Garnqualität
1954, 74 Seiten, 18 Abb., 10 Tabellen, DM 14,—

HEFT 172
Dipl.-Ing. Waldemar Rohs, Dr.-Ing. Günther Satlow,
Textil-Ing. Gustav Heller, Bielefeld
Trocknung von Hanfgarnen
Kreuzspultrocknung
1955, 60 Seiten, 7 Abb., 4 Tabellen, DM 10,30

HEFT 185
Dipl.-Ing. Waldemar Rohs und
Textil-Ing. Gustav Heller, Bielefeld
Studien an einem neuzeitlichen Kreuzspultrockner für Bastfasergarne mit Wiederbefeuchtungszone
1955, 52 Seiten, 9 Abb., 3 Tabellen, DM 10,70

HEFT 442
Dipl.-Ing. Waldemar Rohs, Textil-Ing. Hugo Griese und Textil-Ing. Walter Lauer, Bielefeld
Die Auswirkungen der Trocknungsart naßgesponnener Leinengarne auf deren Verarbeitungswirkungsgrad sowie auf die Festigkeits- und Dehnungseigenschaften der Garne und Gewebe
1957, 28 Seiten, 2 Abb., 3 Tabellen, DM 6,50

Beurteilung fertiger Garne und Zwirne nach Herstellungsverfahren und Eigenschaften

HEFT 196
Dipl.-Ing. Waldemar Rohs und Textil-Ing. Hugo Griese, Bielefeld
Auswirkungen von Garnfehlern bei der Verarbeitung von Leinengarnen
1955, 24 Seiten, 3 Abb., 6 Tabellen, DM 7,80

HEFT 339
Prof. Dr.-Ing. Walther Wegener und Dipl.-Ing. Willi Zahn, Aachen
Vergleich des normalen mit verschiedenen abgekürzten Baumwollspinnverfahren in bezug auf Gleichmäßigkeit und Sortierungsstreuung der Garne
1956, 56 Seiten, 17 Abb., 17 Tabellen, DM 12,70

HEFT 632
Prof. Dr.-Ing. Walther Wegener, Aachen
Aufstellung und Vergleich von Variance-within- und Variance-between-Kurven von Garnen, die nach verschiedenen Spinnverfahren hergestellt werden
1958, 76 Seiten, 35 Abb., DM 19,10

HEFT 699
Oberstudiendirektor Dr.-Ing. Erich Wagner, Wuppertal-Barmen
Studium der Drehungsverhältnisse an Perlon- und Nylongarnen zur Herstellung von Strumpfgewirken
1959, 30 Seiten, 11 Abb., DM 9,20

Webereivorbereitung (Verfahren und Maschinen)

HEFT 9
Dipl.-Ing. Waldemar Rohs und Textil-Ing. Gustav Heller, Bielefeld
Untersuchungen über die zweckmäßige Wicklungsart von Leinengarnkreuzspulen unter Berücksichtigung der Anwendung hoher Geschwindigkeiten des Garnes
Vorversuche für Zetteln und Schären von Leinengarnen auf Hochleistungsmaschinen
1952, 48 Seiten, 7 Abb., 7 Tabellen, DM 9,25

HEFT 19
Dipl.-Ing. Waldemar Rohs und Textil-Ing. Hugo Griese, Bielefeld
Die Auswirkung des Schlichtens von Leinengarnketten auf den Verarbeitungswirkungsgrad sowie die Festigkeit und Dehnungsverhältnisse der Garne und Gewebe
1953, 48 Seiten, 1 Abb., 9 Tabellen, DM 9,—

HEFT 63
Prof. Dr. rer. nat. Wilhelm Weltzien und Dipl.-Chem. Paul Ringel, Krefeld
Neue Methoden zur Untersuchung der Wirkungsweise von Textilhilfsmitteln
Untersuchungen über Schlichtungs- und Entschlichtungsvorgänge
1954, 34 Seiten, 1 Abb., 5 Tabellen, DM 6,80

HEFT 338
Prof. Dr.-Ing. Walther Wegener, Aachen, und Dipl.-Ing. Josef Schneider, Mönchengladbach
Die Bedeutung der Knotenart für die Herabminderung der Fadenbrüche
1956, 40 Seiten, 6 Abb., 17 Tabellen, DM 9,80

HEFT 434
Dipl.-Ing. Waldemar Rohs und Dr. rer. nat. Ingeborg Geurten, Bielefeld
Schlichten für Baumwollgarne
1957, 96 Seiten, 3 Abb., zahlr. Tabellen, DM 23,70

HEFT 654
Obering. Herbert Stein und Textil-Ing. Herbert v. d. Weiden, Mönchengladbach, Dipl.-Ing. Waldemar Rohs und Textil-Ing. Hugo Griese, Bielefeld
Untersuchungen an Spulvorrichtungen in der Leinen- und Halbleinenweberei
1958, 98 Seiten, 29 Abb., 33 Tabellen, DM 23,80

HEFT 885
Dr. rer. nat. Ingeborg Lambrinou-Geurten, Krefeld
Einfluß von Fettzusätzen auf das rheologische Verhalten von Schlichteflotten
1960, 58 Seiten, 18 Abb., 3 Tabellen, DM 16,50

HEFT 917
Obering. Herbert Stein und Ing. Gerhard Hoischen, Mönchengladbach
Ermittlung der Vorgänge beim Benetzen und Trocknen von Fäden unter besonderer Berücksichtigung der Arbeitsweise von Schlichtmaschinen
1960, 78 Seiten, 75 Abb., DM 24,10

Weberei (Verfahren und Maschinen)

HEFT 3
Dipl.-Ing. Waldemar Rohs und Textil-Ing. Hugo Griese, Bielefeld
Untersuchungsarbeiten zur Verbesserung des Leinenwebstuhls I
Anpassung der Streichbaumbewegung an die Schaftbewegung. Ermittlung der günstigsten Streichbaumlage
1952, 44 Seiten, 7 Abb., 3 Tabellen, DM 12,50

HEFT 22
Dipl.-Ing. Waldemar Rohs und
Textil-Ing. Hugo Griese, Bielefeld
Die Reparaturanfälligkeit von Webstühlen
1953, 28 Seiten, 7 Abb., 5 Tabellen, DM 5,80

HEFT 41
Dipl.-Ing. Waldemar Rohs und
Textil-Ing. Hugo Griese, Bielefeld
Untersuchungsarbeiten zur Verbesserung des Leinenwebstuhles II
Das Verhalten verschiedener Kettfadenwächtersysteme
1953, 40 Seiten, 4 Abb., 5 Tabellen, DM 7,80

HEFT 80
Dipl.-Ing. Waldemar Rohs und
Textil-Ing. Hugo Griese, Bielefeld
Die Verarbeitung von Leinengarnen auf Webstühlen mit und ohne Oberbau
1954, 30 Seiten, 2 Abb., 2 Tabellen, DM 6,—

HEFT 92
Dipl.-Ing. Waldemar Rohs, Dr.-Ing. Günther Satlow
Textil-Ing. Hugo Griese, Bielefeld,
Obering. Herbert Stein und
Textil-Ing. Berthold Fischer, Mönchengladbach
Messungen von Vorgängen am Webstuhl
1954, 76 Seiten, 45 Abb., DM 15,50

HEFT 163
Dipl.-Ing. Waldemar Rohs und
Textil-Ing. Hugo Griese, Bielefeld
Untersuchungsarbeiten zur Verbesserung des Leinenwebstuhls III
Die Wirkung verschiedener Litzen
Die Stellung der Webschäfte
1955, 80 Seiten, 15 Abb., 18 Tabellen, DM 15,80

HEFT 226
Dipl.-Ing. Waldemar Rohs und
Textil-Ing. Hugo Griese, Bielefeld
Untersuchungen zur Verbesserung des Leinenwebstuhles IV
Die Wirkung verschiedener Kettbaumbremsen auf die Verwebung von Leinengarnen
1956, 64 Seiten, 9 Abb., 4 Tabellen, DM 13,50

HEFT 292
Dipl.-Ing. Waldemar Rohs und
Textil-Ing. Griese, Bielefeld
Webversuche an Leinenwebstühlen mit verbesserter Schaftbewegung
1956, 34 Seiten, 3 Abb., 2 Tabellen, DM 7,60

HEFT 379
Obering. Herbert Stein, Textil-Ing. F. W. Hanings,
Mönchengladbach, Dipl.-Ing. Waldemar Rohs,
Textil-Ing. Hugo Griese, Bielefeld
Schußfadenspannung beim Weben
1957, 76 Seiten, 17 Abb., 47 Diagramme, 3 Tabellen, DM 18,60

HEFT 494
Dipl.-Ing. Waldemar Rohs und
Textil-Ing. Hugo Griese, Bielefeld
Entwicklung und Erprobung eines verbesserten elektrischen Kettfadenwächtergeschirrs für die Leinen- und Halbleinenweberei
1957, 56 Seiten, 9 Abb., 11 Tabellen, DM 13,—

HEFT 621
Dipl.-Ing. Waldemar Rohs und
Textil-Ing. Hugo Griese, Bielefeld
Untersuchungen zur Verbesserung des Leinenwebstuhles V
Kettbaumbremsen und -regulatoren
1958, 42 Seiten, 6 Abb., 8 Tabellen, DM 11,30

HEFT 869
Dipl.-Ing. Waldemar Rohs und
Textil-Ing. Hugo Griese, Bielefeld
Zusammenwirken von Kett- und Schußfadenspannungen und ihr Einfluß auf den Gewebeausfall
1960, 32 Seiten, 4 Abb., 6 Tabellen, DM 9,90

HEFT 1167
Textil-Ing. Hugo Griese, Techn.
Wissenschaftliches Büro für die
Bastfaserindustrie, Bielefeld
Verbesserung der Wirtschaftlichkeit und des Warenausfalls durch zusätzliche Befeuchtung der verarbeiteten Garne in der Leinen- und Halbleinenweberei.

Beurteilung von Geweben und anderen textilen Flächengebilden nach Herstellungsverfahren und Eigenschaften

HEFT 29
Dipl.-Ing. Waldemar Rohs
Die Ausnützung der Leinengarne in Geweben
1953, 100 Seiten, 14 Abb., 10 Tabellen, DM 17,80

HEFT 674
Dipl.-Ing. Waldemar Rohs, Bielefeld
Die Ausnutzung der Garnfestigkeit in Halbleinengeweben
1958, 60 Seiten, 6 Abb., DM 14,30

HEFT 749
Dipl.-Ing. Waldemar Rohs und
Textil-Ing. Hugo Griese, Bielefeld
Einfluß verschiedener Webfaktoren auf die Krumpfung von Halbleinen- und Baumwollgeweben
1959, 28 Seiten, 2 Abb., 10 Tabellen, DM 8,60

HEFT 1002
Prof. Dr.-Ing. Walther Wegener und
Dipl.-Ing. Hans Peuker
Die Beziehungen zwischen der Garngleichmäßigkeit und dem Warenbild textiler Flächengebilde
1961, 128 Seiten, 3 Tabellen, DM 42,40

Textilveredlung (Bleichen, Färben, Drucken, Ausrüsten)

HEFT 32
*Dipl.-Ing. Waldemar Robs und
Textil-Ing. Hugo Griese, Bielefeld*
Der Einfluß der Natriumchloritbleiche auf Qualität und Verwebbarkeit von Leinengarnen und die Eigenschaften der Leinengewebe unter besonderer Berücksichtigung des Einsatzes von Schützen- und Spulenwechselautomaten in der Leinenweberei
1953, 64 Seiten, 2 Abb., 12 Tabellen, DM 11,50

HEFT 69
Dipl.-Ing. Heinz Vollenbruck, Krefeld
Bestimmung des Faserabbaues bei Leinen unter besonderer Berücksichtigung der Leinengarnbleiche
1954, 48 Seiten, 15 Abb., 3 Tabellen, DM 9,60

HEFT 161
*Prof. Dr. rer. nat. Wilhelm Weltzien und
Dr. rer. nat. Gerd Hauschild, Krefeld*
Über Silikone und ihre Anwendung in der Textilveredlung
1955, 162 Seiten, 22 Abb., 10 Tabellen, DM 27,—

HEFT 452
*Prof. Dr. rer. nat. Wilhelm Weltzien und
Dr. phil. nat. Karin Windeck, Krefeld*
Veränderungen an Fasern bei der Bleiche mit Natriumchlorid und über einige Vergilbungserscheinungen
1957, 64 Seiten, 3 Abb., 13 Tabellen, DM 14,85

HEFT 496
Dipl.-Chem. Peter Vogel, Krefeld
Färberische Eigenschaften von zur Herstellung von Verdickungen in der Stoffdruckerei bestimmter Stoffen
1957, 38 Seiten, 3 Abb., 3 Tabellen, DM 9,30

HEFT 498
*Prof. Dr.-Ing. Helmut Zahn und
Dr. rer. nat. Wolfgang Gerstner, Aachen*
Herstellung säurefester technischer Gewebe
1957, 40 Seiten, 8 Tabellen, DM 9,55

HEFT 501
*Dipl.-Ing. Waldemar Robs und
Dr. rer. nat. Ingeborg Geurten, Bielefeld*
Untersuchungen in der Leinengarnbleiche
1958, 50 Seiten, 5 Abb., 5 Tabellen, DM 11,50

HEFT 761
Dr. rer. nat. Ingeborg Lambrinou-Geurten, Bielefeld
Untersuchungen zur rationellen Durchfärbbarkeit von Bastfasergarnen
1959, 54 Seiten, 1 Abb., 16 Tabellen, DM 14,10

HEFT 816
*Dr. rer. nat. Helmut Pfannmüller,
Textil-Chemikerin Margret Pfannmüller
und Prof. Dr.-Ing. Helmut Zahn, Aachen*
Die Bewertung chemisch modifizierter Wollgarne
1960, 28 Seiten, DM 10,10

HEFT 1020
Dr. rer. nat. Ingeborg Lambrinou-Geurten, Bielefeld
Das Bleichen von Pflanzenfasern mit Chlordioxyd-Erprobung eines neuen Bleichverfahrens in der Leinengarnbleiche
1961, 40 Seiten, 10 Abb., 6 Tabellen, DM 14,20

Arbeitsvorgänge und Maschinen in der Bekleidungsindustrie

HEFT 940
*Dr.-Ing. Günther Satlow und
Dr. rer. nat. Tarsilla Gerthsen, Aachen*
Einfluß des Bügelns mit der Hoffmann-Presse auf einige Eigenschaften der Wolle
1960, 46 Seiten, 21 Tabellen, DM 13,50

Gebrauchsfragen einschließlich Wäscherei und Chemischreinigung

HEFT 15
Dipl.-Ing. Herbert Schmidt, Krefeld
Trocknen von Wäschestoffen
I. Lufttrocknung: Untersuchungen an Tumblern
1953, 40 Seiten, 14 Abb., 2 Tabellen, DM 9,—

HEFT 70
Dipl.-Ing. Herbert Schmidt, Krefeld
Trocknen von Wäschestoffen
II. Kontakttrocknung: Untersuchungen über den Trockenvorgang und die Wäschebeanspruchung bei der Kontakttrocknung
1954, 42 Seiten, 18 Abb., 3 Tabellen, DM 10,—

HEFT 84
Dr. med. habil. Dr. phil. Heinz Baron, Düsseldorf
Über Standardisierung von Wundtextilien
1954, 32 Seiten, DM 6,40

HEFT 119
Dipl.-Ing. Herbert Schmidt, Krefeld
Wäscherei- und energietechnische Untersuchung einer Gemeinschafts-Waschanlage
1955, 50 Seiten, 18 Abb., DM 10,20

HEFT 159
Textil-Chem. Oskar Oldenroth, Krefeld
Das Bleichen von Weißwäsche mit Wasserstoffsuperoxyd bzw. Natriumhypochlorid beim maschinellen Waschen
1955, 54 Seiten, 23 Abb., 2 Tabellen, DM 11,45

HEFT 171
Dipl.-Ing. Herbert Schmidt, Krefeld
Untersuchung der Wäscheentwässerung mit Hilfe von Zentrifugen und Pressen
1955, 42 Seiten, 16 Abb., 4 Tabellen, DM 9,70

HEFT 236
*Dr.-Ing. Oswald Viertel und
Susanne Brückner-Lucas, Krefeld*
Ergebnisse einer Hausfrauenbefragung über Wascheinrichtungen und Waschmethoden in städtischen Haushaltungen
1956, 34 Seiten, 4 Abb., DM 7,60

HEFT 393
*Dr.-Ing. Oswald Viertel und
Susanne Brückner-Lucas, Krefeld*
Arbeitszeitstudien an Haushaltwaschmaschinen
1957, 74 Seiten, 8 Abb., 13 Tabellen, DM 17,30

HEFT 587
Dipl.-Ing. Herbert Schmidt, Krefeld
Auswirkung der Strömungsverhältnisse in Trommelwaschmaschinen unter besonderer Berücksichtigung des Durchlaufspülens
1958, 20 Seiten, 8 Abb., DM 8,45

HEFT 722
Dr.-Ing. Oswald Viertel und Eva Malz, Krefeld
Mechanische Wäschebeanspruchung und Waschwirkung in Rührwerkmaschinen
1959, 59 Seiten, 25 Abb., 23 Tabellen, DM 16,50

HEFT 826
Dr.-Ing. Oswald Viertel und Eva Schmahl, Krefeld
Arbeitszeitstudien an Haushaltbottichwaschmaschinen gleicher Art und Größe mit verschiedener Ausstattung
1960, 37 Seiten, 10 Abb., 4 Tabellen, DM 12,20

HEFT 850
Dr.-Ing. Oswald Viertel, Krefeld
Maßveränderung und Faserbeanspruchung von Wäschestoffen bei verschiedenen Trocknungsverfahren
1960, 34 Seiten, 9 Abb., 12 Tabellen, DM 10,70

HEFT 865
Textil-Ing. Josef Ilg, Krefeld
Ermittlung des Gebrauchswertes von Handtüchern verschiedener Qualität
1960, 45 Seiten, 6 Abb., 22 Tabellen, DM 13,20

HEFT 892
Dipl.-Ing. Herbert Schmidt, Krefeld
Untersuchung über die Wäschebewegung in Trommelwaschmaschinen unter besonderer Berücksichtigung der Reinigungswirkung und des Faserabriebs
1960, 28 Seiten, 9 Abb., DM 9,—

HEFT 960
*Edith Schirmer und
Dipl.-Ing. Herbert Schmidt, Krefeld*
Prüfung von Heimtrocknern (Trommeltrockner) auf Wirkungsgrad und Gewebeangriff
1961, 42 Seiten, 15 Abb., DM 13,50

HEFT 1120
*Dr.-Ing. O. Viertel,
Dipl.-Ing. Eberhard Wagner,
Wäschereiforschung Krefeld*
Ursachen der Fleckbildung beim Waschen mit optische Aufheller enthaltenden Waschmitteln und Möglichkeiten zur Beseitigung dieser Schwierigkeiten.

Textilprüfverfahren, Textilprüfgeräte

HEFT 17
Obering. Herbert Stein, Mönchengladbach
Vergleichende Prüfung mit verschiedenen Dickenmeßgeräten (1. Bericht der Reihe: Untersuchungen der Verzugsvorgänge an den Streckwerken verschiedener Spinnereimaschinen)
1952, 36 Seiten, 15 Abb., DM 8,—

HEFT 18
Dipl.-Ing. Heinz Vollenbruck, Krefeld
Grundlagen zur Erfassung der chemischen Schädigung beim Waschen
1953, 68 Seiten, 15 Abb., 15 Tabellen, DM 12,75

HEFT 26
*Dipl.-Ing. Waldemar Rohs und
Textil-Ing. Gustav Heller, Bielefeld*
Vergleichende Untersuchungen zweier neuzeitlicher Ungleichmäßigkeitsprüfer für Bänder und Garne hinsichtlich ihrer Eignung für die Bastfaserspinnerei
1953, 64 Seiten, 30 Abb., DM 12,50

HEFT 85
*Prof. Dr. rer. nat. Wilhelm Weltzien und
Dr. rer. nat. habil. Johannes Juilfs, Krefeld*
Physikalische Untersuchungen an Fasern, Fäden, Garnen und Geweben:
Untersuchungen am Knickscheuergerät nach Weltzien
1954, 40 Seiten, 11 Abb., 8 Tabellen, DM 10,—

HEFT 199
Dr. rer. nat. habil. Johannes Juilfs, Krefeld
Die Messung von Gewebetemperaturen mittels Temperaturstrahlung
1955, 50 Seiten, 12 Abb., DM 10,90

HEFT 302
*Prof. Dr.-Ing. Walther Wegener und
Dipl.-Ing. Willi Zahn, Aachen*
Untersuchungen von gesponnenen Garnen auf ihre Gleichmäßigkeit nach verschiedenen Meßmethoden
1956, 58 Seiten, 34 Abb., 1 Tabelle, DM 15,20

HEFT 307
Dr. rer. nat. habil. Johannes Juilfs, Krefeld
Vergleichende Untersuchungen zur elastischen und bleibenden Dehnung von Fasern
1956, 36 Seiten, 11 Abb., DM 8,30

HEFT 308
Dr. rer. nat. habil. Johannes Juilfs, Krefeld
Zur Messung der Fadenglätte
1956, 22 Seiten, 10 Abb., 2 Tabellen, DM 8,—

HEFT 358
*Prof. Dr. rer. nat. Wilhelm Weltzien, Dipl.-Chem.
Paul Ringel und Text.-Ing. Hans Kirchhoff, Krefeld*
Die Waschechtheit von Färbungen. Vergleichende Untersuchungen auf dem Gebiete der Echtheitsprüfung
1958, 26 Seiten, 12 Farbtafeln, DM 58,—

HEFT 381
Dr. rer. nat. habil. Johannes Juilfs, Krefeld
Zur Dichtbestimmung von Fasern. Methoden und Beispiele der praktischen Anwendung
1957, 76 Seiten, 34 Abb., 18 Tabellen, DM 17,—

HEFT 436
Dr. rer. nat. habil. Johannes Juilfs, Krefeld
Zur Bestimmung der Reißlast (Zugfestigkeit) von Fasern, Fäden und Garnen
1959, 26 Seiten, 7 Abb., 5 Tabellen, DM 8,60

HEFT 499
Dr. rer. nat. habil. Johannes Juilfs, Krefeld
Die Bestimmung des Wasserrückhaltevermögens (bzw. des Quellwertes) von Fasern
1958, 42 Seiten, 8 Abb., 8 Tabellen, DM 10,35

HEFT 500
Dr. rer. nat. habil. Johannes Juilfs, Krefeld
Vergleichende Untersuchungen am Schopper-Scheuerprüfgerät
1958, 60 Seiten, 34 Abb., verschied. Tabellen, DM 18,10

HEFT 633
*Prof. Dr.-Ing. Walther Wegener und
Dipl.-Ing. Egon Haase-Deyerling, Aachen*
Entwicklung und Bau eines vollautomatischen Faserlängenprüfgerätes (Stapelprüfgerät) auf kapazitiver Grundlage, Erprobungen dieses Gerätes und Vergleich mit den bislang üblichen Verfahren auf manueller Basis
1958, 36 Seiten, 15 Abb., 5 Tabellen, DM 10,10

HEFT 700
Obering. Herbert Stein, Mönchengladbach
Zugprüfungen an Textilien mit einer weglosen, elektronischen Kraftmeßeinrichtung
1958, 103 Seiten, 62 Abb., 3 Tabellen, DM 32,—

HEFT 730
*Obering. Herbert Stein und
Dipl.-Phys. Siegfried Hobe, Mönchengladbach*
Gerät zum Auffinden von Fadenverdickungen bei hohen Prüfgeschwindigkeiten
1959, 56 Seiten, 28 Abb., 2 Tabellen, DM 14,80

HEFT 817
Dr. rer. nat. Hansjürgen Kessler, Aachen
Die Zwei- und Dreifaseranalyse auf Grund der Bestimmung von Cystin und Stickstoff
1960, 28 Seiten, DM 8,70

Betriebswirtschaftliche Untersuchungen auf dem Textilgebiet

HEFT 186
Dr. rer. pol. Erich Wedekind, Textil-Ing. Peter Dämkes und Wolfgang v. d. Mark, Krefeld
Untersuchung zur Arbeitsgestaltung bei der Fertigstellung von Oberhemden in gewerblichen Wäschereien
1955, 124 Seiten, 28 Abb., 6 Tabellen, 2 Falttafeln, DM 12,—

HEFT 197
*Dr. rer. pol. Erich Wedekind und
Textil-Ing. Wilhelm Gartz, Krefeld*
Untersuchungen zur Bestimmung der optimalen Arbeitsplatzgröße bei Mehrstuhlarbeit in der Weberei
1955, 92 Seiten, 34 Abb., DM 18,50

HEFT 631
*Dr. rer. pol. Erich Wedekind und
Textil-Ing. Wilhelm Gartz, Krefeld*
Der Einfluß der Automatisierung auf die Struktur der Maschinen und Arbeitszeiten am mehrstelligen Arbeitsplatz in der Textilindustrie
1958, 86 Seiten, 34 Abb., DM 21,10

HEFT 715
*Dr. rer. pol. Erich Wedekind,
Textil-Ing. Fritz Kuntze und
Textil-Ing. Peter Dämkes, Krefeld*
Die Auftragsplanung und Arbeitsorganisation in gewerblichen Wäschereien
1959, 116 Seiten, 25 Abb., DM 29,50

HEFT 827
Dr.-Ing. Egon Sattler,
Verband Deutscher Streichgarnspinner, Düsseldorf
Disposition mit Arbeitsvorbereitung in der einstufigen (Verkaufs-) Streichgarnspinnerei
1960, 60 Seiten, DM 15,90

HEFT 828
Textil-Ing. C. Brzeskiewicz,
Verband der Deutschen Tuch- und Kleiderstoffindustrie e. V., Köln
Disposition mit Arbeitsvorbereitung und Vertriebsvorbereitung in der Tuch- und Kleiderstoffindustrie
1960, 67 Seiten, 8 Anlagen, DM 17,90

HEFT 874
Dr. rer. pol. Erich Wedekind und
Textil-Ing. Hartmut Kokerbeck, Krefeld
Untersuchungen über rationelle Arbeitsweisen bei Preß- und Bügelvorgängen in Chemisch-Reinigungsbetrieben
1960, 102 Seiten, 17 Abb., zahlr. Tabellen, DM 26,50

Volkswirtschaftliche Untersuchungen auf dem Textilgebiet

HEFT 222
Dr. rer. pol. Lutz Köllner und
Dipl.-Volksw. Manfred Kaiser, Münster
Die internationale Wettbewerbsfähigkeit der westdeutschen Wollindustrie
1956, 214 Seiten, 5 Abb., DM 39,50

HEFT 323
Prof. Dr. Rudolf Seyffert, Köln
Wege und Kosten der Distribution der Textilien, Schuh- und Lederwaren
1956, 98 Seiten, 37 Tabellen, 1 Falttafel, DM 12,—

HEFT 607
Dr. rer. pol. Hyronimus Schlachter, Münster
Die Wettbewerbslage der westdeutschen Juteindustrie
1958, 137 Seiten, 35 Tabellen, DM 32,—

HEFT 819
Dipl.-Volksw. Dr. rer. pol. Heinz Hubert Kaup, Münster
Einkommen und Textilverbrauch
1960, 92 Seiten, 34 Tabellen, DM 23,20

HEFT 911
Dr. rer. pol. Hannedore Kahmann und
Dipl.-Volksw. Renate Papke, Münster (Westf.)
Langfristige Strukturwandlungen und Anpassungsprozesse der britischen Baumwollindustrie unter dem Einfluß der Industrialisierung in Indien und anderen asiatischen Ländern
1960, 120 Seiten, 38 Tabellen, DM 31,20

HEFT 1036
Dipl.-Kfm. Dr. Eduard Terrahe, Münster
Möglichkeit und Grenzen einer Rationalisierung und Automatisierung in der westdeutschen Baumwollrohweberei. Ein Beitrag zur Beurteilung ihrer Wettbewerbsfähigkeit gegenüber USA, Japan und Indien
1961, 232 Seiten, 51 Tabellen, DM 49,—

HEFT 1069
Dipl.-Volksw. Dr. Wolfgang Rothe
Internationaler Preis- und Kaufkraftvergleich für Bekleidung in Ländern des gemeinsamen Marktes und der Freihandelszone
1962, 226 Seiten, Tabellen, DM 43,—

HEFT 1115
Dipl.-Volksw. Dr. Wilhelm Kurth,
im Auftrage der Forschungsstelle für allgemeine und textile Marktwirtschaft an der Universität Münster
Vermögensbestand und Kapitalbedarf in einigen Zweigen der Textilindustrie.
In Vorbereitung

Verantwortlich für die Zusammenstellung und Gliederung dieser Übersicht Dipl.-Volksw. Klaus Forstmann, Ministerium für Wirtschaft, Mittelstand und Verkehr des Landes Nordrhein-Westfalen, Düsseldorf.

Ein Gesamtverzeichnis der Forschungsberichte, die folgende Gebiete umfassen, kann vom Verlag angefordert werden:
Azetylen / Schweißtechnik - Arbeitswissenschaft - Bau / Steine / Erden - Bergbau - Biologie - Chemie - Eisenverarbeitende Industrie - Elektrotechnik / Optik - Fahrzeugbau - Gasmotoren - Farbe / Papier / Photographie - Fertigung - Funktechnik / Astronomie - Gaswirtschaft - Hüttenwesen / Werkstoffkunde - Kunststoffe - Luftfahrt / Flugwissenschaften - Maschinenbau - Medizin / Pharmakologie / NE-Metalle - Physik - Schall / Ultraschall - Schiffahrt - Textiltechnik / Faserforschung / Wäschereiforschung - Turbinen - Verkehr - Wirtschaftswissenschaft.

Die Arbeitsgemeinschaft für Forschung des Landes Nordrhein-Westfalen vereinigt unabhängige Wissenschaftler in einer Gemeinschaftsarbeit. Führende Fachleute aller Fakultäten haben sich zusammengefunden, um in persönlichem Kontakt und über die Grenzen des Fachgebietes hinaus Wege zu größeren Übersichten auf wissenschaftlichem Gebiet zu bahnen. Die Arbeitsgemeinschaft vereinigt die Vertreter der Grundlagenforschung und der Zweckforschung.
Die Ergebnisse der Forschungsarbeit werden auf den monatlichen Sitzungen von Fachwissenschaftlern vorgetragen und dann mit den Mitgliedern der Arbeitsgemeinschaft diskutiert. Um die wertvollen Ergebnisse dieser Sitzungen über den Mitgliederkreis hinaus allen interessierten Stellen zugänglich zu machen, werden diese in einer besonderen Schriftenreihe veröffentlicht. Die Veröffentlichungen der AGF gliedern sich in eine naturwissenschaftliche und geisteswissenschaftliche Reihe. Unabhängig davon erscheinen die Forschungsberichte.

VERÖFFENTLICHUNGEN
DER ARBEITSGEMEINSCHAFT FÜR FORSCHUNG
DES LANDES NORDRHEIN-WESTFALEN

Herausgegeben im Auftrage des Ministerpräsidenten Dr. Franz Meyers
von Staatssekretär Prof. Dr. h. c. Dr.-Ing. E. h. Leo Brandt

Geisteswissenschaftliche Reihe

HEFT 1
Prof. Dr. Werner Richter, Bonn
Von der Bedeutung der Geisteswissenschaften für die Bildung unserer Zeit
Prof. Dr. Joachim Ritter, Münster
Die Lehre vom Ursprung und Sinn der Theorie bei Aristoteles
1953, 64 Seiten, kartoniert DM 2,90

HEFT 6
Prälat Prof. Dr. Dr. h. c. Georg Schreiber, Münster
Deutsche Wissenschaftspolitik von Bismarck bis zum Atomwissenschaftler Otto Hahn
1954, 102 Seiten, 7 Abb., kartoniert DM 5,—

HEFT 15
Prof. Dr. Franz Steinbach, Bonn
Der geschichtliche Weg der wirtschaftenden Menschen in die soziale Freiheit und politische Verantwortung
1954, 76 Seiten, kartoniert DM 2,90

HEFT 20
Prof. Dr. Ludwig Raiser, Bad Godesberg
Rechtsfragen der Mitbestimmung
1954, 48 Seiten, kartoniert DM 2,—

HEFT 25
Prof. Dr. Hans Peters, Köln
Die Gewaltentrennung in moderner Sicht
1954, 48 Seiten, kartoniert DM 2,20

HEFT 49
Prof. D. Dr. Friedrich Karl Schumann, Münster
Mythos und Technik
1958, 60 Seiten, kartoniert DM 4,—

HEFT 52
Prof. Dr. Hans J. Wolff, Münster
Die Rechtsgestalt der Universität
1956, 48 Seiten, kartoniert DM 2,65

HEFT 66
Prof. Dr. Werner Conze, Münster
Die Strukturgeschichte des technisch-industriellen Zeitalters als Aufgabe für Forschung und Unterricht
1957, 52 Seiten, kartoniert DM 2,70

HEFT 72
Prof. Dr. Josef Pieper, Essen
Über den Begriff der Tradition
1958, 66 Seiten, kartoniert DM 3,70

HEFT 79
Prof. Dr. Paul Gieseke, Bad Godesberg
Eigentum und Grundwasser
1959, 32 Seiten, kartoniert DM 2,60

HEFT 80
Prof. Dr. Dr. Werner Richter, Bonn
Wissenschaft und Geist in der Weimarer Republik
1958, 32 Seiten, kartoniert DM 2,60

HEFT 85
André George, Paris
Der Humanismus und die Krise der Welt von heute
1959, 40 Seiten, kartoniert DM 2,70

Naturwissenschaft · Technik · Wirtschaft

HEFT 2
Prof. Dr.-Ing. Wolfgang Riezler, Bonn
Probleme der Kernphysik
Prof. Dr. Fritz Micheel, Münster
Isotope als Forschungsmittel in der Chemie und Biochemie
1951, 40 Seiten, 10 Abb., kartoniert DM 2,40

HEFT 8
Prof. Dr.-Ing. Wilhelm Fucks, Aachen
Die Naturwissenschaft, die Technik und der Mensch
Prof. Dr. Walther Hoffmann, Münster
Wirtschaftliche und soziologische Probleme des technischen Fortschrittes
1952, 84 Seiten, 12 Abb., kartoniert DM 4,80

HEFT 12
Dr. Hermann Rathert, Wuppertal-Elberfeld
Entwicklung auf dem Gebiet der Chemiefaser-Herstellung
Prof. Dr. Wilhelm Weltzien, Krefeld
Rohstoff und Veredelung in der Textilwirtschaft
1952, 84 Seiten, 29 Abb., kartoniert DM 4,80

HEFT 16
Prof. Dr. Dr. h. c. Rudolf Seyffert, Köln
Die Problematik der Distribution
Prof. Dr. Theodor Beste, Köln
Der Leistungslohn
1952, 70 Seiten, 1 Abb., kartoniert DM 3,50

HEFT 20
M. Zvegintzov, London
Wissenschaftliche Forschung und die Auswertung ihrer Ergebnisse
Ziel und Tätigkeit der National Research Development Corporation
Dr. Alexander King, London
Wissenschaft und internationale Beziehungen
1954, 88 Seiten, kartoniert DM 4,20

HEFT 21a
Prof. Dr. Dr. h. c. Otto Hahn, Göttingen
Die Bedeutung der Grundlagenforschung für die Wirtschaft
Prof. Dr. Siegfried Strugger, Münster
Die Erforschung des Wasser- und Nährsalztransportes im Pflanzenkörper mit Hilfe der fluoreszenzmikroskopischen Kinematographie
1953, 74 Seiten, 26 Abb., kartoniert DM 5,—

HEFT 22
Prof. Dr. Johannes von Allesch, Göttingen
Die Bedeutung der Psychologie im öffentlichen Leben
Prof. Dr. Otto Graf, Dortmund
Triebfedern menschlicher Leistung
1953, 80 Seiten, 19 Abb., kartoniert DM 4,—

HEFT 38
Dr. Colin E. Cherry, London
Kybernetik. Die Beziehung zwischen Mensch und Maschine
Prof. Dr. Erich Pietsch, Clausthal-Zellerfeld
Dokumentation und mechanisches Gedächtnis — zur Frage der Ökonomie der geistigen Arbeit
1954, 108 Seiten, 31 Abb., kartoniert DM 5,25

HEFT 46
Prof. Dr. Wilhelm Weltzien, Krefeld
Ausblick auf die Entwicklung synthetischer Fasern
Prof. Dr. Walther G. Hoffmann, Münster
Wachstumsprobleme der Wirtschaft
1959, 82 Seiten, 6 Abb., kartoniert DM 5,40

HEFT 47
Staatssekretär Prof. Dr. h. c. Dr.-Ing. E. h. Leo Brandt, Düsseldorf
Die praktische Förderung der Forschung in Nordrhein-Westfalen
Prof. Dr. Ludwig Raiser, Bad Godesberg
Die Förderung der angewandten Forschung durch die Deutsche Forschungsgemeinschaft
1957, 108 Seiten, 82 Abb., kartoniert DM 9,55

HEFT 75
Prof. Dr. Wilhelm Klemm, Münster
Neue Wertigkeitsstufen bei Übergangselementen
Prof. Dr.-Ing. Helmut Zahn, Aachen
Die Wollforschung in Chemie und Physik von heute
1960, 87 Seiten, 21 Abb., 23 Tabellen, kartoniert DM 8,40

HEFT 86
Prof. Dr.-Ing. Paul Denzel, Aachen
Technische Probleme der Energieumwandlung und -fortleitung
1960, 28 Seiten, 5 Abb., kartoniert DM 2,40

Springer Fachmedien Wiesbaden GmbH
567 Opladen/Rhld., Ophovener Straße 1-3

MIX
Papier aus verantwortungsvollen Quellen
Paper from responsible sources
FSC® C105338

If you have any concerns about our products,
you can contact us on
ProductSafety@springernature.com

In case Publisher is established outside the EU,
the EU authorized representative is:
**Springer Nature Customer Service Center GmbH
Europaplatz 3, 69115 Heidelberg, Germany**

Printed by Libri Plureos GmbH
in Hamburg, Germany